STATION ÉLECTRO-MINÉRALE STATIQUE MÉRIDIONALE
DE VALS, NEYRAC ET ALAIS

DE

L'ÉLECTRICITÉ STATIQUE
MÉDICALE

ET DE SON APPLICATION SPÉCIALE AUX EAUX MINÉRALES DE VALS ET NEYRAC (ARDÈCHE), SELON LA MÉTHODE DU PROFESSEUR C. BECKENSTEINER

PAR LE D[R]. L'H. DES PLANTES,

MÉDECIN CONSULTANT A VALS ET A NEYRAC.

Docteur en médecine et en chirurgie, ex-chirurgien militaire, Pharmacien-chimiste de l'Ecole de Montpellier, Membre de la Société de médecine et de chirurgie pratique de la même ville, de la Société Linnéenne de Lyon, de la Société d'Agriculture du Card, de la Société d'Horticulture de Nimes et ancien directeur de son Jardin d'Acclimatation, ancien vice-président de la Société de Flore du Rhône, Membre correspondant de la Société d'Etudes des sciences naturelles de Nimes, et de la Société des Etudes scientifiques, etc., etc.

PRIX : 2 FRANCS

ALAIS

Imprimerie G. Trintignan, place St-Jean, et rue Meunière, 2.

1878.

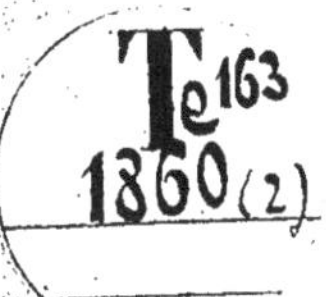

EN VENTE :

A LEIPZIG, chez T. O. Weigel, rue du Roi ;
A PARIS, chez J.-B. BAILLIÈRE et fils, rue Hautefeuille, 12 ;

ÉTUDES SUR L'ÉLECTRICITÉ MÉDICALE

en 4 volumes, dont le 4e est sous presse, 4e édition in-8°

Le premier volume comprend : l'étude historique et détaillée des phénomènes électriques observés depuis l'origine du monde ; leur grande disivion en phénomènes dûs à l'Electricité **Statique** où **atmosphérique**, et phénomènes dûs à l'Electricité **dynamique** ou **terrestre** ; la théorie des transports opérés par la première ; l'exposition de la méthode du Maitre pour son application à la médecine, la description de ses appareils spéciaux et l'examen des spécifiques et des instruments usités dans son emploi.

Le second volume traite, ex-professo, des maladies qui ont fourni les cas les plus nombreux de guérison, notamment : l'Epilepsie, la Chorée aigüe, l'Aphonie, l'Asphyxie, le Lumbago, les Chutes, l'Entorse, l'Ankylose ; des moyens d'annihiler instantanément l'Invasion morbide et d'amoindrir la Convalescence des maladies les plus graves. Il se termine par de nombreuses Observations Cliniques et l'indication des précautions à prendre pour le bon entretien des machines.

Le troisième volume traite des Maladies des Voies respiratoires, de l'Amaurose, de la Migraine et des Névralgies, de la Migraine Faciale, Intercostale, Gastro-entéralgique et Lombaire, de la Danse de Saint-Guy chronique, du Goître, de l'Impuissance et de la Stérilité. Il s'achève par une Revue Clinique de ces diverses maladies et des nombreuses cures qui en ont été faites.

Le quatrième volume contiendra : Etudes sur l'homme, Esprit, Ame et Matière ; de sa vieillesse considérée comme maladie, et de l'extension de sa longévité; des Scrofules et des affections Syphilitiques secondaires et tertiaires, etc. etc.

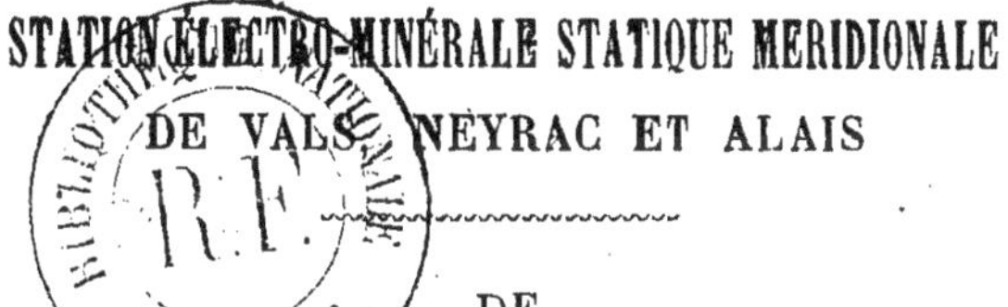

STATION ÉLECTRO-MINÉRALE STATIQUE MERIDIONALE

DE VALS, NEYRAC ET ALAIS

DE

L'ÉLECTRICITÉ STATIQUE

MÉDICALE

ET DE SON APPLICATION SPÉCIALE AUX EAUX MINÉRALES
DE VALS ET NEYRAC (ARDÈCHE), SELON LA MÉTHODE
DU PROFESSEUR C. BECKENSTEINER

PAR LE Dr L'HERBIER DES PLANTES DE SERRES

Docteur en médecine et en chirurgie, ex-chirurgien militaire Pharmacien-chimiste de l'Ecole de Montpellier, Membre de la Société de médecine et de chirurgie pratique de la même ville, de la Société Linéenne de Lyon, de la Société d'Agriculture du Gard, de la Société d'Horticulture de Nimes et ancien directeur de son Jardin d'Acclimatation, ancien vice-président de la Société de Flore du Rhône, Membre correspondant de la Société d'Etudes des sciences naturelles de Nimes, et de la Société des Etudes scientifiques, etc., etc.

ALAIS

Imprimerie G. Trintignan, place St-Jean, et rue Meunière, 2.

1878.

STATION

Electrothérapique Minérale Méridionale

DE VALS, NEYRAC & ALAIS

Compte-rendu de la Saison 1877

A MONSIEUR C. BECKENSTEINER, PROFESSEUR D'ÉLECTROTHERAPIE.

Vals-les-Bains, 25 août 1877.

VÉNÉRÉ MAITRE,

Dans la première édition de vos savantes ÉTUDES SUR L'ÉLECTRICITÉ (1), vous disiez que son application à l'art de guérir n'était point une invention nouvelle. L'électricité médicale, en effet, était déjà bien avancée quelques années avant la Révolution de 1789, époque scientifique trop mal connue de nos jours, et dans laquelle, grâce à l'impulsion des Universités si chrétiennes d'alors, la pensée humaine contenait, dans toutes les sciences, les germes des plus belles découvertes, germes

(1) Paris et Leipzic, 1848. Premier volume, page 7.

précieux que la tempête politique a étouffés ou retardés de près d'un siècle et que nous voyons éclore à nouveau si laborieusement aujourd'hui. Je n'en veux d'autres preuves que la dissertation inaugurale du Chirurgien-major de Lyon, J.-B. Bonnefoy, qui disait en 1782 : « On a déjà trouvé un procédé par » lequel on imprime sur le champ des por- » traits et des dessins sur la soie en y » incrustant la chaux d'or, d'une manière » indélébile, par une décharge électrique. Qui » sait à quelle perfection l'industrie humaine » portera un jour ces essais ? On a entrevu » dans l'électricité un moyen de rapprocher » par la communication, les lieux les plus » éloignés, et de transmettre dans le plus » court intervalle possible, des nouvelles » certaines, à des distances immenses... »

(*Mercure de France*, 23 juin 1782.)

Les profonds observateurs de cette époque avaient donc été déjà témoins des effets de l'électricité sur l'économie animale. L'augmentation de la chaleur, de la circulation et des sécrétions, sous son influence, ne leur avait point échappé; mais, déjà aussi ils n'osaient tirer des étincelles avec les mains et servir de conducteurs à ce fluide, dans la crainte de contracter eux-mêmes la maladie qu'ils voulaient guérir. Bonnefoy le défendait expressément « parce que la matière morbifique » sortant du corps malade peut entrer dans » le corps de celui qui opère et y causer la » maladie que l'on cherche à guérir, comme » cela est arrivé. »

Pour vous, cher Maître, il n'en a pas été ainsi. Quarante années de pratique constante et des plus étonnants succès, au milieu des plus grands et des plus illustres praticiens de nos Ecoles diverses, étrangères ou françaises, et parmi lesquels je puis citer avec orgueil mes anciens professeurs, les Gensoul, Bonnet, Fouilhoux, Imbert, Des Granges, des Guidi, Servan, de Lyon, Lubantski et Poggioli, de Paris, Georgii, de Londres et Ch. Zimpel, de Rome, que j'ai tous eu l'honneur de revoir dans vos salles d'application de l'électricité statique, vous ont largement démontré que quelques précautions, bien simples, pouvaient annuler ce danger. Au contraire vos procédés, en animalisant l'électricité qui passe par le corps de l'opérateur, non-seulement en prouvaient la complète innocuité, mais encore augmentaient déjà de beaucoup son efficacité curative, lorsque, permettez-moi de vous le rappeler, il y a aujourd'hui vingt-huit ans, après avoir inutilement employé toutes les ressources de leur immense savoir, pour me débarrasser de la *névralgie temporo-faciale* héréditaire dont je souffrais cruellement, mes chefs si regrettés, le chirurgien-major Frédéric Barrier et le célèbre chirurgien principal général de l'armée des Alpes, Cambès, m'envoyèrent auprès de vous pour recourir, en dernière ressource, à votre méthode admirable d'Electrisation médicale. A l'aide de vos appareils spéciaux, si heureusement combinés avec la puissante machine électrique humaine, dont la découverte des corpuscules de Paccini venait d'achever la complète et indiscutable démonstration, vous avez pu, en très-peu de jours et à mon grand étonnement, me délivrer de mes atroces douleurs et me renvoyer complètement guéri à mes maîtres bien-aimés. Laissez-moi vous faire souvenir encore qu'il ne tînt pas à leur zèle et à leur dévouement, si philanthropiques, de voir installer, dès ce moment, dans nos grands hôpitaux d'instruction, une méthode si facile, si sûre et si féconde en heureux résultats, à l'heure même où, dans toutes les écoles, d'immenses déceptions faisaient proscrire l'emploi du Galvanisme, du Voltaïsme et du Faradaysme, en un mot, de toutes les variantes de l'électricité dynamique.

Depuis lors, cher Maître, je n'ai jamais cessé de m'intéresser au développement et à la prospérité de vos belles *Etudes sur l'Electricité*, dont chaque volume était dévoré par moi avec autant d'avidité que de bonheur.

Et lorsque, au mois de juin dernier, la presse enregistrait avec douleur la perte de l'homme de bien auquel la région centrale de la France méridionale doit la résurrection médicale des antiques fontaines de la marquise Marie de Montlaur, cette haute et infortunée suzeraine dont la reconnaissance fut si grande pour les eaux bienfaisantes de Vals, auxquelles, la première, elle dut le rétablissement d'une santé précieuse pour les pauvres dont elle aimait à se dire la mère; lorsque, dis-je, je pus espérer d'allier, enfin, ces deux puissants leviers, pour le plus grand bien des malades qu'il m'allait être donné de traiter, dans notre belle station minérale ardéchoise, ce fut avec une joie inénarrable que j'accueillis votre bonne pensée de venir m'apporter vous-même, malgré votre grand âge, à moi votre premier élève français, et installer dans mon cabinet encore en deuil, instruments et appareils de votre précieuse méthode électrothérapique. Je la savais si facile à combiner avec l'heureuse minéralisation des sources au milieu desquelles s'était écoulée ma jeunesse !

Le docteur Tourette venait de manquer à ces eaux déjà célèbres au temps de Mme de Sévigné, mais que la belle tête blanche, et la longue chevelure gauloise du Grand Pontife de nos bonnes fontaines, animaient depuis si longues années. On se surprend, chaque jour, à les chercher encore sous les magnifiques ombrages du parc enchanteur dont il avait inspiré la féerique création, et leur souvenir commande toujours ce respect et ce recueillement, on dirait presque druidiques, qui en bannissaient le bruit des orages et des tempêtes humaines.

Calme et repos inappréciables ! et qui nous ont valu, malgré tous les troubles de nos temps actuels, lesquels ont fait fermer avant l'heure les portes de tant d'autres stations, la foule de malades et de baigneurs qui n'ont cessé d'arriver de toutes parts, pour la seconde, et à mon avis la meilleure saison de Vals, aux sources de la belle maréchale d'Ornano.

La « bonne marquise Marie, » le « bien bon docteur » et le « brave M. Firmin », comme la gratitude des habitants de Vals se plaît à désigner le grand investigateur de toute nos autres fontaines, seront à jamais, en effet, les génies bienfaisants de notre nouvelle ville d'eaux. Espérons que les tendres Naïades sorties à leur appel des ondes vertes de la Volane, et les jeunes et gracieuses nymphes du Voltour, se lasseront de tresser en silence les brillantes couronnes dont elles voudraient ceindre leurs fronts, et avec lesquelles elles aspirent à célébrer leur gloire !

Au décès de la haute baronne d'Aubenas, et depuis elle jusqu'à la venue des deux grands propagateurs de sa création, quatre fontaines, seulement, composaient toute la richesse de l'étonnante station volcanique vivaraise. Actuellement, en y comprenant les sources chaudes de Neyrac, annexe naturelle, congénère et complément de Vals, qu'un service d'omnibus relie déjà avec les bonnes fontaines, 65 sources analogues, mais toutes diverses de minéralisation, lui forment, dans un rayon de 4 ou 5 kilomètres à peine, une gamme hydrominérale tellement complète qu'elle est sans rivale dans le monde. Et puisque aujourd'hui, grâce à vous, cher Maître, nous avons pu y joindre l'application de la véritable électrothérapie moderne, méthode qui vous a donné déjà de si belles et si nombreuses guérisons jusques ici réputées impossibles, nous pourrons hardiment affirmer qu'il y aura, désormais, bien peu de cas morbides qui ne puissent devenir tributaires de leur action bienfaisante.

Déjà, en effet, nous avons vu l'énergie et la puissance qu'elles acquièrent, même à doses fractionnées, par leur heureuse alliance avec celle des forces premières « qui joue toujours un rôle si important dans les grands actes de la nature » et qu'invoquait naguère encore le docteur Clermont, pour expliquer leur minéralisation par la désagrégation des roches plutoniques, et surtout feldspathiques, dont Vals est entourée à plusieurs lieues à la ronde.

Presque toutes les merveilles publiées et décrites dans vos savantes ÉTUDES SUR L'ÉLECTRICITÉ (1) ont déjà pu, comme à Londres, à Paris, à Stuttgard et à Rome, être contrôlées à Vals même dès cette première année. Plus de 400 malades, attirés par la guérison des premiers clients traités par vous dans mon cabinet, y ont vu nettement s'établir l'échange de fluide electrique qui se produit entre l'opérateur et le malade, et s'accomplir, sous leur yeux, ce circuit fluidique guérisseur qui tourne autour des deux acteurs, comme ferait un fil en flotte placé sur le dévidoir. Tous ont pu toucher du doigt ce caractère spécial des procédés opératoires qui vous appartiennent en propre, et que vous avez bien voulu leur exposer vous même, cher Maître, avec une science et une profondeur de vues qui n'avaient d'égale que votre exquise complaisance. Tous aussi ne savaient ce qu'ils devaient admirer de plus de la sagesse ou de la modestie de ce vaste savoir avouant avec simplicité « que vous ne sauriez préciser ce

---

(1) Ouvrage en trois volumes par le Professeur C. Beckensteiner et pour la 3e fois sous presse actuellement.

» qui se passe dans les organismes vivants » assujettis à l'action électrique et encore moins » expliquer les effets produits par ce fluide sur » les divers systèmes de nos fonctions organi- » ques. » Ceux ci se vitalisant les uns par les autres et donnant lieu, par ainsi « à cette admi- » rable caractéristique vitale que la science n'a » qu'à peine effleurée, » ils étaient heureux de vous entendre affirmer et prouver ces deux propositions, têtes de ligne des derniers progrès accomplis, mais, de par vos travaux (1) désormais incontestables et sur lesquelles vous établissez solidement votre méthode : La première c'est la démonstration de « la soustraction » dynamique brusque, sous l'effet de l'étincelle, » qui s'accomplit dans le moment où l'électri- » cité animale quitte la surface de la peau (2) » sur laquelle elle se trouve momentanément » accumulée » ; c'est-à-dire, de l'entraînement par le fluide, de quelques portions d'un fluide analogue, sinon complétement identique, charrié par le système nerveux de l'homme, son axe cérébro-spinal étant une véritable machine

(1) Etudes sur l'électricité-Théorie de l'électricité humaine et des transports, tome 1er pages 150 et suivantes.

(2) La peau... admirable enveloppe isolante, idio-électrique, sans laquelle l'homme, comme l'animal, ne peut vivre et sa mort est instantanée. Elle est destinée par la Providence à en conserver le fluide électrique vital, à en empêcher une trop grande déperdition, comme aussi à en rejeter l'excès par la transpiration, soit sensible, soit insensible..... Mais, en outre, elle transmet les sensations, elle est l'organe du tact et ainsi elle communique avec le *sensorium generale*. Si la sensation n'appartient qu'aux nerfs, n'oublions pas que c'est dans la peau que viennent se terminer une grande

électrique vivante qui a pour récipients naturels les corpuscules de Paccini.

De ce premier axiôme, tout physiologique, vous faites découler l'influence exercée par l'électricité sur tous les fluides placés dans sa sphère d'activité. De là, la raison d'être d'une foule de phénomènes jusques ici inexplicables, mais témoignant tous de la réalité de l'action de l'électricité appliquée sur notre organisme vivant, et la régularisation de l'influence nerveuse dont elle modifie salutairement la modalité biotique. Celle-ci, d'ailleurs, ne participe-t-elle pas toujours, à quelque degré, à la production de toutes les maladies si, même, elle n'en constitue pas à elle seule l'essentialité ? (1).

---

partie des ramifications nerveuses ; c'est pourquoi je pense avec plusieurs savants que c'est par l'impression extérieure sur la peau que sont provoquées *le plus grand nombre de maladies.*

Mêmes Etudes, tome 1er page 122.

(1) « Dans l'état de santé parfaite le fluide nerveux est » réparti également dans tout l'organisme, un faible cou- » rant continuel monte des extrémités au cerveau duquel » il est reporté à son tour le long du grand trajet nerveux, » la moëlle épinière. En d'autres termes, un courant faible » mais continuel va des extrémités à la tête d'où il est » reporté par la moëlle épinière dans tout le système ner- » veux. Dans l'état maladif ce courant faible des extrémités » devient fort, et la répartition qui part du cerveau se fait » mal ou inégalement. L'électricité, qui a la plus grande » analogie avec le fluide nerveux si elle n'est pas elle-même » ce fluide nerveux, démontre facilement cette inégalité de » distribution. Il y a égalité de chaleur partout, s'il y a » égalité de répartition du fluide nerveux; il y a froid à la » partie où il est faible, et augmentation de chaleur où il » abonde. S'il y a douleur quelque part elle est occasionnée » par l'accumulation du fluide nerveux ou par un corps » étranger qui l'y appelle. L'électricité produit le même

Qu'ils aimaient à vous voir, cher Maître, vous dont la verte et si longue vieillesse (1) succédant à votre premier collaborateur, le savant chimiste Lanoix, mort à 106 ans sans aucune infirmité, est la meilleure preuve de la bonté de votre méthode, tirer de ce théorème

---

» effet... (A) Un bain d'électricité positive soulage instantanément les douleurs, il rend la respiration plus libre, la transpiration insensible ou supprimée redevient sensible et abondante, et même les rétentions d'urine se rétablissent dans leur état normal.... Toutes les productions de la terre prouvent également cette influence, l'électricité atmosphérique entretenant la vie végétative dont elle est le grand moteur circulatoire et nutritif tandis que la végétation est ralentie par l'état négatif de l'atmosphère et, lorsque cet état dure trop longtemps, si un orage ne vient la reconstituer à l'état positif, l'année est stérile....... je crois même que le temps n'est pas éloigné où l'homme, rendu enfin plus prévoyant et plus sage, pourra maîtriser l'état du ciel et éloigner les causes nuisibles à la santé ainsi que l'état de stérilité, tant de son espèce que de celle de la terre.....

» Grâce à cette même électricité atmosphérique dont mes appareils géomagnétifères démontrent l'emploi facile et presque sans frais. Mêmes Etudes, I. pages 103, et suiv.

(1) Notons encore les expériences de M. Beckensteiner, par lesquelles il a prolongé la vie d'animaux mourants (papillons de vers à soie) en leur communiquant *in extremis* le fluide électrique qui a réveillé leur vitalité et celles, qui, par la soustraction de ce même fluide ont diminué la vitalité et même amené la mort des chats soumis à l'expérimentation.

(A) Le docteur Gondret de Bordeaux, a été le premier parmi les modernes, à soupçonner dans les inflammations une accumulation de fluide électrique animal sur les parties congestionnées. Un violent érysypèle de la face contracté en 1833 par M. Fozembas, son collaborateur, fut l'occasion de la découverte d'un instrument propre à démontrer l'existence du fluide électrique animal et à servir de moyen de guérison. Convaincus que l'électricité doit être l'un des éléments essentiels de l'activité vitale et que son développement exagéré doit être la cause principale des phénomènes morbides qui caractérisent l'état inflammatoire, ils voulurent dès lors rétablir le plus promptement possible l'équilibre naturel de cette électricité, ce qu'ils obtinrent avec un soustracteur à pointes métalliques multiples en communication avec le sol et à manche isolé. Ils ont ainsi guéri non-seulement les érysipèles, mais encore l'affaiblissement de la vue, l'aménorrhée, les douleurs rhumatismales, l'hémiplégie faciale, les insomnies, les migraines, les ophthalmies et les palpitations de cœur (Recherches sur l'Electricité Animale. Paris 1837.)

la conclusion déjà si consolante que, dans le premier cas, l'électricité simplifie la maladie, et, en la simplifiant, la mitige et tend à l'effacer de plus en plus, tandis que, dans le second, elle la guérit tout à fait et parfois même d'emblée! Mais ce qui les étonnait bien plus encore, c'était de vous entendre ajouter à cette heureuse perspective que si, par son application comme remède curatif des maladies exceptionnellement longues, graves et jugées au-dessus des ressources de l'art de guérir, l'électricité amène des guérisons surprenantes, souvent même par leur célérité, et contribue ainsi, plus que tout autre moyen, à reculer non seulement les limites de l'incurabilité, mais encore celles de la vie humaine actuelle, c'est grâce à l'application non moins réelle de votre deuxième axiôme, que la Galvanoplastie et ce qui se passe aux deux pointes de charbon, dans la formation de la lumière électrique, mettent désormais hors de doute, à savoir : « que l'électricité dans son passage d'un corps à un autre » corps (1) transporte avec elle des parcelles » d'une ténuité inappréciable de matière qu'elle » arrache du point d'où elle part pour la déposer

(1) « L'électricité ne nous arrive jamais bien pure et isolée » de tout mélange; je la compare à une âme qui ne se mani- » feste qu'au moyen du corps qu'elle anime. Ainsi, selon le » corps qu'anime l'électricité elle a une mission différente à » remplir. Plus la matière qu'elle entraine est pure, plus ses » fonctions sont nobles; c'est pourquoi l'électricité atmosphé- » rique ou de frottement, beaucoup plus expansive que toutes » les autres et combinée avec l'électricité vitale du corps hu- » main, est seule digne de s'élever jusqu'à la solution des pro- » blèmes de la médecine ; tandis qu'à l'électricité de la pile

» sur le point où elle arrive. » Ce fait, indubitable sur les corps inorganiques, vous le rendez tout aussi évident lorsque, dans l'électrisation des corps vivants, vous constatez : 1° l'usure que subissent vos excitateurs métalliques ; 2° les réactions diverses que vous obtenez de l'organisme malade selon la nature du métal dont vous vous servez et selon les substances médicamenteuses à travers ou sur lesquelles passe le courant ; 3° par l'application de l'électricité dynamique elle-même à l'extraction des métaux introduits dans l'organisme. La *Gazette médicale de Paris* a enregistré aussi cette découverte et en a raconté, dans son numéro du 3 janvier 1855, les premiers et intéressants essais, pratiqués sur M. Maurice Vergnès, pour se débarrasser d'un ulcère dangereux produit par l'introduction de particules métalliques sur le revers de ses mains, trempées sans précaution dans des solutions de *Nitrate et de Cyanure d'or et d'argent* employées dans la dorure et l'argenture au Galvanisme par le procédé de MM. de Ruolz et Ellington. « M. Vergnès, plongea ses mains
» dans le bain électro-chimique au pôle positif
» de la pile, et à notre grande surprise, dit notre
» savant confrère, le docteur André Poly, de la

» galvanique, qui ne se produit et ne se propage que de molé-
» cule à molécule, n'agit pas à distance et ne peut franchir
» un espace non conducteur qu'avec la plus grande difficulté,
» nous laissons les problèmes de métallurgie et de chimie,
» et à celle de l'aimant qui dessèche et tue les animaux, et
» les plantes exposés à son contact, nous ne pouvons
» abandonner que les problèmes de la force mécanique....
» Mêmes études I. page 190. »

» Havane, nous vîmes, au bout d'un quart » d'heure, une plaque métallique de 163 milli- » mètres de longueur sur 109 de largeur en » contact avec le pôle négatif, se couvrir d'une » couche d'or et d'argent que n'avaient pu » éliminer des mains du malade les remèdes » les plus énergiques. » Ce premier essai a été fait à New-York le 16 avril 1852.

De cette époque datent les bains que ces Messieurs ont heureusement adaptés à l'extraction des métaux introduits dans l'organisme. A l'aide de cet appareil balnéaire, que nous voudrions voir mis en pratique dans nos grands ateliers industriels, et surtout dans ceux où se traitent nos plombs argentifères, l'électricité dynamique forme une multiplicité de courants qui sortent de toute la surface du corps, après avoir traversé les organes internes, même les os, et vont se neutraliser sur les parois de la baignoire du côté du pôle négatif.

Ainsi se confirme de tous côtés dans la science cette ère nouvelle des infiniments petits. De par l'analogie et l'expérience on peut communiquer à l'électricité elle-même un cachet médicamenteux spécial, et associer à son action propre, celle de la substance qui est indiquée par l'ensemble des symptômes qu'on se propose de combattre, « tout en sachant bien « que le menstrue dans lequel je délaye mes « actions médicamenteuses est par lui-même « très actif et que, par ce moyen, je suis plus « assuré de faire parvenir à l'endroit voulu le « médicament..... »

« Je ne m'arrêterai point à rechercher si

» c'est par la voie des nerfs que ces actions mé-
» dicamenteuses parviennent à l'organe ou bien
» si elles parcourent toute autre voie pour y
» arriver. J'avoue à cet égard mon ignorance
» que, du reste, je partage avec celle des plus
» savants médecins à l'égard du mécanisme
» des subtances pharmaceutiques, eux
» aussi sont dans l'impossibilité de les déter-
» miner. Dans l'absence complète de notions
» positives à ce sujet nous nous bornerons,
» comme ils sont obligés de le faire, à tenir
» compte des réactions spéciales et électives
» que l'expérience et l'observation nous dévoi-
» lent et à mettre à profit cette donnée en mo-
» difiant l'application de l'électricité par l'em-
» ploi d'excitateurs spéciaux. » (1).

Telle est aussi la raison d'être de *l'électricité statique* dans notre station thermale et de son heureuse application à l'emploi de chacune de ses sources.

Chaque jour il est donné à Vals, comme dans toutes les autres stations similaires, de constater dans l'usage de ses fontaines les plus en vogue des troubles digestifs de tous genres. Ils sont dûs autant à l'emploi de doses trop massives qu'à l'usage irrationnel et immodéré qu'en font, souvent sans guide ni mentor, les buveurs les plus intrépides. Chaque jour aussi, et bien souvent la nuit, il nous arrive d'y constater l'invasion des névralgies les plus cruelles et les plus variées causées par l'emploi intempestif de ses meilleures eaux prescrites à des

(1) Mêmes Etudes, tome III page 195.

natures d'élite peut-être, mais souvent d'une sensibilité trop exquise.

Grâce à cette union de l'électricité combinée avec ces mêmes eaux, prises dès lors en quantité d'autant plus petite qu'elles seront, comme notre belle etgrandiose fontaine intermittente, plus chargées d'électricité, nous n'aurons plus d'indisposition médicamenteuse à craindre, plus de perte de temps à déplorer, plus d'encombre à franchir et plus de souffrances, quelquefois si cruelles à dompter. Aussi dès aujourd'hui, c'est-à-dire quelques jours encore avant l'ouverture de la saison de septembre à Vals, à la température si belle, aux réactions si ménagées, si salutaires et si douces que les baigneurs intelligents et sages préfèrent, à bon droit, à celles des jours caniculaires, sommes nous heureux de pouvoir constater, dans notre clinique naissante, déjà plus de 160 guérisons de maladies dont l'énumération seule indiquera l'importance.

Nous y voyons, en effet, enregistrées comme autant de victoires, la cure et la guérison de 18 Gastro-entérites chroniques dont plusieurs dataient de 12, 15 et 17 ans; de 49 Névralgies diverses, parmi les quelles 4 Migraines aussi atroces qu'invétérées, 6 Asthmes secs ou Angines de Millar, 4 Névralgies Intercostales franches, 4 Néphralgies, dont deux Diaphragmatiques et l'une si terrible que déjà plus de 15 injections sous cutanées de morphine avaient été faites en vain contre elle, par des praticiens et des maîtres aussi habiles que vénérés; 2 Miséréré

Dyspepsies pures, 3 Coliques néphrétiques, 4 Névralgies lombaires, 6 Sciatiques bien accentuées, 2 Coxalgies, un Etat spasmadique général continu et 4 cas d'Eréthisme nerveux chroniques et jusques ici rebelles aux médications les plus savantes et les plus sagement instituées.

Plus que partout ailleurs les Constipations paralytiques ou consécutives à d'autres graves affections des régions sous diaphragmatiques plus ou moins engorgées, abondent à Vals et à Neyrac, aussi les voyons-nous figurer dans ce répertoire clinique au nombre de 18, et, parmi elles, plusieurs datant de 15, 18 et 20 ans ; 2 Surdités anciennes, 6 Chloro-anémies profondes, 4 cas de Fièvre consomptive; 4 Paralysies progressives; 6 Insommies dont plusieurs dataient d'au moins 10 ans; 3 Danses de St-Guy, 2 Hystéries graves, 1 Fureur utérine, une Epilepsie de 12 ans de date et dont les crises ou *aura épileptica* revenaient en été chaque semaine ; 5 cas de Leucorrhée intense, 1 Métrorrhagie grave ; 2 Amauroses congestives incomplètes et 2 autres, confirmées, très anciennes et réfractaires aux traitements les plus spéciaux et les plus complets; 5 Rhumatismes articulaires subaigus, 1 Rhumatisme du cœur avec insuffisance des Valvules, 3 Rhumatismes intestinaux et 1 de l'ovaire ; 2 cas de Diarrhée chronique, 4 Bronchites anciennes et 4 Congestions cérébrales également chroniques. Nous voyons enfin en cours de traitement et en voie de prochaine guérison aux belles fontaines de St-Lazare et des Lépreux, deux cas d'Elephantiasis déjà vieux et abandonnés à eux-mêmes depuis plusieurs années ; 3 vers solitaires dont un tœnia et 2 bothriocéphales, rebelles au cousso ; 2 cas de Stérilité et 2 d'Impuissance et Spermatorrhée, telles que déjà plusieurs tentatives de suicide avaient eu lieu, et qui sont désormais dans la meilleure voie possible.

Après des succès semblables, cher et vénéré Maitre, et dont je vous prie de vouloir bien contrôler les principaux traits dans les observations détaillées que je place à la suite de cette lettre et d'un rapide aperçu historique sur l'Electrothérapie, permettez moi de conclure hardiment que, grâce à votre méthode électrostatique et à nos bonnes fontaines, il n'est peut-être pas à cette heure, une seule affection, tant nerveuse que cutanée, qui ne relève de notre station jumelle Vals et Neyrac, et ne puisse être guérie par le traitement électro-minéral dont je suis fier d'être, après vous et sous vos si bienveillants auspices, l'introducteur dans mon pays.

Saluons donc avec bonheur cette ère nouvelle pour notre belle station vivaraise et buvons dans la coupe fortunée, tour à tour emplie à ses 65 sources Electro minérales, à l'union, à la prospérité et à la gloire de tous ses génies protecteurs et de toutes les conquêtes du véritable progrès moderne, en médecine comme en toute autre chose !

Votre élève reconnaissant.

D[r] L'H. des Plantes.

CLINIQUE ÉLECTRO-MINÉRALE

Première Classe : Névroses

PROLÉGOMÈNES HISTORIQUES

Lorsque parurent, dans les *Etudes sur l'Electricité* du professeur Beckensteiner, les traitements des Névroses, nous regrettâmes, avec leur savant auteur, de le voir débuter par des affections de si longue haleine et de si difficile conduite, car, de même que, pour tout ce qui constitue le vrai progrès en médecine, ce n'est que lorsque tout a été essayé en vain et que, non seulement tout a échoué, mais, de plus tout a tristement compliqué des cas morbides déjà si complexes par eux-mêmes, que l'on se décide, presque toujours, à se soumettre à un traitement aussi nouveau que celui par l'électricité statique..... Nouveauté pourtant déjà bien vieille dans le monde savant, et qui n'existe que pour l'ignorance, hélas, si profonde, de tant de nos prétendus maîtres, dont, faute de mieux, les esprits endormis se font si souvent une arme banale.

Hérodote nous donne la certitude que chez les Egyptiens les malades se rendaient dans les temples de l'une des trois divinités qui présidaient à la santé, Isis, Osiris et Sérapis; qu'ils y passaient les nuits et qu'au moyen de certaines pratiques et invocations, mais surtout des *attouchements*, ils y recouvraient la santé. Par eux, les sciences et les arts, ainsi que l'usage du sommeil dans les temples, se transmirent aux Grecs qui élevèrent aux divinités de l'Egypte un grand nombre de temples. Le plus renommé de ceux d'Isis était à Phthorée, dans la Phocide. Osiris en avait un à Athènes. Celui de Messine était consacré à ces deux divinités. Leur culte s'introduisit en suite à Rome où il florissait encore du temps des empereurs. Celui d'Isis trouva dans Othon un zélé protecteur.

Quinze cents ans avant l'ère chrétienne, Moïse était initié, dans sa jeunesse, par son beau-père, grand prêtre d'Héliopolis, à toutes les sciences et tous les secrets de la nature ignorés du Vulgaire, mais cultivés avec soin par les *prophètes Egyptiens*. Ainsi s'appelait la classe la plus élevée des prêtres qui présidaient aux mystères d'Isis et d'Osiris. L'Ecriture sainte nous apprend, il est vrai, qu'il tenait directement de Dieu le pouvoir de guérir, mais les moyens qu'il employait pour cela n'en étaient pas moins, comme sous ses premiers maîtres, le contact, les frictions, et l'imposition des mains. Or, on sait qu'à son exemple les prêtres, médecins des Juifs, ne se servaient que des mêmes moyens, bien plus encore que des remèdes dont ils n'usaient presque jamais.

Pline l'Ancien et, après lui, *Solinus* affirment, aux premier et second siècles de notre ère, que, de leur temps, on avait encore une entière confiance à cette méthode curative à laquelle les

Empereurs Antonin le Pieux, Caracalla et, plus tard, Julien l'Apostat, durent leur guérison et leur vie, tandis que le trop célèbre Galien de Pergame, dont les maximes ont été admises pendant quatorze siècles comme des oracles, guérissait l'Epilepsie, toutes les maladies nerveuses, et le Miséréré lui-même par des attouchements et des frictions. Diodore de Sicile nous apprend que les Tyrrhéniens ou Étrusques, colonie grecque fixée dans la Toscane depuis le siége de Troie, compatriotes et contemporains de Numa Pompilius, second roi de Rome, 784 ans après Moïse, étaient très instruits dans tout ce qui a rapport au *tonnerre*. Tite-Live, Plutarque, Pline, Denys d'Halycarnasse et Arnobius racontent que ce roi, fit bâtir sur le mont Aventin un autel à Jupiter Elicius, que les leçons de la prêtresse Egérie lui avaient appris à le faire descendre du Ciel avec sa foudre, pour en obtenir de bons conseils dans les circonstances importantes et qu'il usa beaucoup de ce pouvoir. Son successeur, Tullus Hostilius, moins instruit, voulut se servir du même moyen de frapper l'imagination de ses sujets ; mais plus maladroit, il le fit mal et il périt foudroyé au milieu du sacrifice. Aruns, autre savant Etrurien, au dire de Lucain, dans sa Pharsale, (l. 606) ramassait les feux de l'éclair qui étaient dispersés dans le ciel et les ensevelissait dans la terre.— Ces différentes manières de soutirer l'électricité devaient amener plus tard l'invention du paratonnerre.— Souvenons-nous encore que c'étaient les Etrusques, dont les rassemblements religieux se faisaient toujours en plein air, dans un lieu élevé, qui avaient inventé comme armes de guerre, les piques, pour lesquelles ils avaient un respect religieux, en raison, dit Plutarque, des bulles de feu qu'on voyait voltiger sur leurs pointes.

199 ans après, Pythagore, disciple de la même école sacerdotale Egyptienne que Moïse et Numa Pompilius, admettait, comme ses maîtres, « une substance très subtile existant non seu-« lement dans l'homme et les animaux, mais « encore dans les plantes et les minéraux ; « Cette substance donnait la vie à toute la « création. » Ses disciples, les Asclépiades et les Œsculapes, augustes familles de prêtres, rois et médecins parmi lesquels le plus illustre, Hippocrate, florissait 129 ans plus tard, et Théophraste et Aristote dans le siècle suivant, apprenaient de lui l'attraction réciproque de certains corps les uns pour les autres tels que l'*Ambre*, en grec *Electronn*, et le *Lapis Lyncurius*, — dont Pline, et Dioscoride vantent aussi la vertu ; Il leur avait également enseigné l'influence d'un individu sur un autre, surtout celle d'un homme bien portant sur un malade (1).

Hippocrate, homme d'un génie supérieur, avait été aussi initié par les prêtres à toutes les connaissances de l'art de guérir; ces connaissances étaient éparses; il les médita, les réunit et les coordonna. Ses écrits ne sont pas

---

(1) Etudes sur l'électricité 1, 3me partie : De la connais-de l'Electricité statique chez les anciens, p. 79 et suivantes.

seulement le fruit de ses propres recherches et de ses découvertes, mais encore le résultat de celles des prêtres qui, depuis des siècles,se les transmettaient en secret.

Nous sommes en droit de dire qu'il connaissait parfaitement l'électricité animale puisque, dans beaucoup de maladies, il ne conseillait uniquement que des frictions sèches et, en d'autre cas, des frictions avec des substances grasses, c'est-à-dire, tantôt avec des corps conducteurs, et tantôt avec des corps non conducteurs de l'électricité, tout en exhortant aussi les malades à la prière, afin d'atténuer les souffrances physiques en portant leur esprit vers la contemplation des choses divines. *Oportet enim mentem à consuetudine dimoveri, dimotam autem cum Deo versari, atqui ità humanam excedere Naturam.*

Pline va même plus loin: il veut « que les « frictions soient faites avec discernement. « Celles qui sont fortes, dit-il, enraidissent et « durcissent le corps, tandis que celles qui « sont douces le ramollissent et le rendent « agile;trop longtemps prolongées,elles l'amai- « grissent; les modérées, au contraire, le déve- « loppent.. Fricari cum ratione; vehemens enim « frictio spissat, levis mollit, multa adimit, « corpus auget modica. (Liber XXVIII.) »

Théophraste et Aristote parlent déjà de la commotion électrique produite par la torpille, et décrivent les sensations qu'elle occasionne sur le corps humain; ils racontent les mœurs de cet animal singulier qui se cache sous le sable ou la vase,et saisit les poissons qui nagent au-dessus d'elle,en les engourdissant. Pline le Naturaliste dit que ce poisson à la faculté de « communiquer l'engourdissement si on le touche avec une pique et qu'il peut comme lier les pieds des personnes les plus agiles. » — Galien et Plutarque lui attribuent les mêmes propriétés. Oppien va plus loin encore ; il dit qu'il a découvert les organes à l'aide desquels ce poisson produit cet effet extraordinaire que Claudien, dans son poëme sur la torpille, étend « depuis l'hameçon avec lequel on le prend, jusqu'à la main du pêcheur, par le fil de la ligne ». Dans le 1er chapitre de son 32me livre, Pline attribue ce pouvoir à une certaine influence invisible — et il lui donne le même nom que des écrivains ont employé pour désigner l'influence électrique.

Notons encore que la commotion électrique produite par la torpille vivante était un remède usité déjà par Scribonius Largus, médecin de l'Empereur Claude, 17 ans après J. C. pour guérir le mal de tête invétéré. Il employait aussi le même remède contre la goutte. Pour cela, le malade devait se rendre au bord de la mer, et, les jambes dans l'eau, mettre ses pieds sur une torpille vivante, jusqu'à ce qu'il éprouvât une engourdissement réel dans toute la jambe. Il cite Anthéro, affranchi de Tibère, comme ayant été guéri par ce moyen. Dioscoride, et après lui Galien, Paul d'Œgyne et plusieurs écrivains plus modernes, indiquent le même remède pour la migraine et pour les chutes du rectum.

Lorsque les temples du paganisme furent

renversés, les prêtres cessèrent l'usage de leurs mystères; mais les apôtres, ces nouveaux prêtres de l'Ere chrétienne, et leurs successeurs furent alors les héritiers et les dépositaires de cette science médicale conservée depuis tant de siècles dans le sanctuaire des temples payens.

Nous voyons en effet, pendant plus de dix siècles nos prêtres, comme autrefois les chefs des tribus, continuer à rendre la justice et à pratiquer encore officiellement la médecine. Ce ne fut qu'à la fin du XIIe siècle, que les papes Clément III et Alexandre III en défendirent l'exercice aux moines et aux religieux. Les prêtres séculiers conservèrent plus longtemps cette faculté. Il leur fut seulement défendu de faire des opérations chirurgicales. Tous suivirent les traditions de leurs devanciers : les chroniques du temps rapportent que jusqu'au XVIIe siècle, ils obtinrent dans tous les pays la guérison des maladies les plus rebelles par l'attouchement, l'imposition des mains, le massage ou les frictions.

En 1628, Valentin Greatreack faisait également en Angleterre des cures étonnantes toujours par les mêmes moyens. Ainsi faisait de son côté Geber ou Giaber, le plus ancien des médecins chimistes arabes, (963), auquel nous devons la découverte du sublime corrosif, du précipité rouge et de l'eau forte. Ce dernier expliquait ses guérisons « par la sympathie
» qui l'unissait à ses malades, et la puissance
» de celle-ci, par les phénomènes de l'aimant
» dont les pôles de même nature se repoussent

» tandis que les pôles contraires s'attirent. » A peu près à la même époque, en Angleterre, Gilbert disait comme lui : « Celui qui connaît » la cause de l'amitié qui attire les êtres l'un » vers l'autre, et la cause de la haine qui les » force à se séparer, connaît la clef de la » nature. »

En 1493 Théophraste Paracelse considérait l'homme comme un *microcosme*, c'est-à-dire, comme un abrégé de toutes les merveilles répandues dans l'univers et, pour cette raison lui désignait deux pôles. Il prétendait déjà « que lorsqu'on suspendait un » homme au-dessus d'une barque sur les eaux » en laissant son corps prendre librement » la direction qu'il voudrait, sa tête se portait » naturellement vers le nord et ses pieds vers « le midi. » Vérité, comme bien d'autres affirmations de Paracelse, parfaitement reconnue aujourd'hui, où nous nous trouvons si bien de prescrire avec soin à nos malades, une bonne orientation de leur chambre à coucher, et tout au moins de leur lit, qui doit être toujours placé de manière à ce que sa tête soit au nord et ses pieds au midi.

En 1507 Pierre Pompentius, en 1569 le savant Baptiste Porta, et en 1643 Athanasius Kircher, tous partisans de la curabilité des maladies les plus opiniâtres par de simples attouchements, ou des frictions, connaissaient « l'existence » d'une matière subtile qui pénètre tous les » corps. et dont la présence constitue la santé » et la vie, tandis que sa diminution ou son » absence produisent la maladie ou la mort. »

N'est-ce point là clairement la reconnaissance de la circulation des doubles courants électriques dans le corps humain?

En 1644 apparaît J. B. Van Helmont avec des idées toutes nouvelles. A toutes les croyances de ses prédécesseurs, il ajoute « celle d'un principe fondamental unique sous la quadruple manifestation d'une vie, une santé, une maladie et un remède. » Toutes ses recherches tendent à obtenir à l'état pondérable ce principe subtil et insaisissable. Il se fait ainsi le chef d'une nouvelle école. Il trouve dans le plexus solaire, derrière la région de l'estomac, le point central, l'organe manifeste de la « force (électrique) animale qui, une fois mise » en mouvement, ne peut être arrêtée ni par la » distance, ni par le temps... »

Il ne manquait donc aussi à Van Helmont que des appareils pour démontrer l'existence de cette électricité animale qu'il ne nommait pas encore, mais dont il dépeignait si bien les effets.

François Bacon, dès 1626 et l'immortel Isaac Newton en 1680, admettaient, à leur tour, un principe vital qui « pouvait tout pénétrer » comme l'air, et qui, par sa grande mobilité » pouvait recevoir et transmettre toutes les » sensations. » Et Stahl, en 1734, en comparait le mouvement continuel aux flux et reflux incessants de la mer.

Nous touchons désormais à la période où la théorie Pythagoricienne, de plus en plus complétée par les observateurs dont nous venons d'ébaucher l'histoire, allait recevoir la consécration d'une pratique de plus en plus étendue, par l'invention des instruments spéciaux à la reconnaissance et à l'emploi du fluide électrique. Son étude marchera dès ce moment à pas de géant.

Ed 1727, le hasard apprit à Etienne Grey, la différence qui existe entre les corps que le frottement suffit pour rendre électriques et ceux qui ne le sont que par voie de communication ou de contact avec une substance préalablement électrisée. Le 8 août 1730,il vit la tête d'un jeune homme suspendu par lui à des cordons de soie, et en contact avec un tube de verre frotté, attirer des corps légers à la distance de 8 à 10 pouces. Cela prouvait que ce corps isolé avait reçu le fluide électrique du tube et se trouvait réellement électrisé.

En 1734, l'abbé Nollet tira de son collaborateur Dufay, après l'avoir isolé, la première étincelle qui soit sortie du corps humain. Ils jugèrent que le picotement, produit par l'étincelle électrique, pouvait avoir une grande influence sur le principe vital,et devait fournir des secours à l'art de guérir. Ainsi fut trouvée la véritable électricité médicale; toutefois, ce ne fut qu'en 1743 que cette idée fut sérieusement appliquée par le savant professeur Kruger de Helmstadt, et confirmée par Kratzenstein de Halle, son élève, qui, le premier, eut l'honneur de guérir une femme paralysée du petit doigt. En 1746, les savants revenus de leur terreur, après l'invention de la bouteille de Leyde, qui les avait stupéfiés, songèrent à en faire usage en médecine, et Jacob Hermann Klyn guérit, au moyen d'étincelles et de petites secousses électriques, une femme paralysée des deux bras depuis deux ans.

La même année, l'infatigable abbé Nollet découvrait encore l'action du fluide électrique sur l'eau sortant de tubes capillaires; il répéta ses expériences sur des corps organisés, des plantes et des animaux, et conclut que l'électricité pourrait contribuer « à l'avancement de la végétation dans les plantes, et à l'augmentation de la transpiration insensible chez les animaux, » ce que Mambray exécuta et prouva par les faits.

Dès lors les physiciens s'appliquèrent plus généralement à l'emploi de l'électricité en médecine. De 1747 à 1789 dix-huit ouvrages de longue haleine parurent en France sur ce sujet; L'un, entr'autres, est une belle dissertation inaugurale de du Fay, soutenu en 1754, à Montpellier, sous la présidence du célèbre professeur de Sauvages d'Alais, sur l'identité du fluide nerveux et du fluide électrique. En Angleterre il en parut sept; en Allemagne, quatre; et en Hollande, dix. Nous ne comptons pas les nombreux mémoires de presque toutes les Sociétés scientifiques, académies, revues et journaux de toute l'Europe.

En 1740 naissait à Vienne, en Autriche, Antoine Mesmer. Il y soutenait en 1766 sa thèse pour le Doctorat. Elle avait pour titre: De l'influence des planètes sur le corps de l'homme. Coordonnant les écrits de ses devanciers qu'il avait étudiés avec soin, il en fit un corps de doctrine qu'il eut le tort d'annoncer comme nouvelle et à laquelle il donna le nom de *magnétisme animal...»* Propriété du corps animé comparable à celle de l'aimant, elle le rend susceptible de recevoir l'influence des corps célestes et d'entrer dans une action réciproque avec ceux qui l'environnent. D'un caractère ardent, impétueux, tourmenté du besoin d'innover et de s'écarter des idées reçues, Mesmer et ses contradicteurs remplirent de disputes la fin scientifique du siècle dernier. Sa découverte ne consista point tant dans l'emploi de l'électricité animale, que nous venons de voir usitée depuis la plus haute antiquité, que dans l'invention d'un appareil spécial, son fameux baquet. Electro-aimant puissant, à courant continu sous l'impulsion des frictions, constammentpratiquées parla *chaine* de malades réunis à son entour, il devança de près de soixante ans, tous ceux qui illustrèrent plus tard Masson, Clarke, Legendre, Breton frères, Duchène,Bianchi, Goiffe et Rhumkorf. Mesmer n'eut que le tort d'en déguiser, par le secret imposé aux adeptes, la véritable source d'action; il eut bien mieux valu l'employer au grand jour.

L'abbé Nollet avait inventé le premier appareil à rotation. Il lui avait permis de soutirer des étincelles de son collaborateur isolé. Bien que très imparfait, il suffit aux premières expérimentations des savants. Mais les essais se multipliant de plus en plus, il ne tarda pas à être perfectionné. En 1786, un autre abbé, tant la science a été de tous temps inféodée dans le clergé, l'abbé Bertholon, publia son *étude de l'électricité du corps humain dans l'état de santé et de maladie.* Elle renferme la description de l'instrument qui, jusqu'à nos jours, a été seul employé par tous les physiciens et médecins électrophiles. C'est une machine à large plateau de verre dont les deux faces duquel viennent frotter sur quatre coussins, et dégager ainsi, à la fois, par les mouvements de rotation qu'on lui imprime, l'électricité du verre et celle de l'atmosphère ambiante, toutes deux positives. Elles chargent un vaste condensateur en laiton isolé sur deux pieds en verre. Sur lui est fixée une chaine, également en cuivre, qui met en rapport, avec le fluide accumulé, le sujet à électriser. Ce dernier est assis sur un tabouret que quatre pieds en verre isolent complètement.

Comme dans toutes les machines à rotation confectionnées depuis lors, les coussins étaient simplement de peau rembourrée de crin. Ceci rendait à peu près nul le manîment de la machine dans les temps de pluie ou de grande humidité. Alors, en effet l'air atmosphérique, devenu bon conducteur, reprenait à l'instant même le fluide qu'on venait de lui enlever. Aussi rien n'était plus capricieux que la marche de cette machine sur laquelle, bien des fois, on ne pouvait plus du tout compter. D'autre part, l'électricité n'était soustraite du sujet qu'à l'aide d'un excitateur à manche de verre, et rendu encore plus complètement isolé de l'opérateur par une chaînette en cuivre qui trainait jusqu'à terre; celle-ci servait de communication au fluide négatif fourni par le sol.

Il résume toutes les connaissances de ses contemporains sur cette électricité statique, si expansive, au moment même où Galvani et Volta étaient en voie d'en détourner l'attention par leurs premiers essais de la science, soigneusement distincte, tout d'abord, et bientôt appelée *Galvanisme*. Celle-ci embrasse tous les phénomènes dus à la seule électricité dynamique. Elle est toujours essentiellement bornée au contact *moléculaire* des substances métalliques. Bertholon rappelle ensuite toutes les guérisons obtenues par l'électricité pure avant lui : Jallabert détruisant dès 1752 une paralysie du bras droit, déjà vieille de 15 ans, et une Epilepsie également invétérée. L'Académie de médecine de Stockolm enregistrant les succès de plusieurs de ses membres contre cette affreuse maladie; — ceux si remarquables du médecin Anglais Nairnes affirmant que : « dans les maladies épileptiques et hystériques » quelques commotions, d'un bras à l'autre à » travers la poitrine, éloignent infailliblement » ces maladies ; et que la continuation journa- » lière de ce remède a prévenu le retour des » accès dans plusieurs cas dans lesquels la » maladie revenait à périodes connues;» — ceux » non moins extraordinaires, surtout pour l'époque, de Lovett de Vorchester qui guérissait « plusieurs cas d'épilepsie et de crises épilepti- » formes utérines, hystériques, fréquentes dans » certaines grossesses et de nature pléthorique, » syphilitique, scorbutique ou herpétique. » (1)

(1) The description and uses of Nairnès patent électrical machine, With the addition of some philosophical experiments and médical observation. Lond. 1783.

Dans un chapitre que nous voudrions pouvoir reproduire en entier, il rapporte toutes les cures étonnantes du renommé docteur de Haen, à Bruxelles, qui obtenait par l'électricité, dès 1756, la guérison d'une jeune fille de 9 ans, atteinte, après une petite vérole intense, d'une Danse de St-Guy générale et chez laquelle « l'emploi de l'électricité fut » suivi d'une seconde jetée de pustules horri» bles sorties de tout son corps, ce qui lui fit » recouvrer aussitôt une santé parfaite; » puis, celle d'une autre fillette de 13 ans « encore plus » gravement atteinte de cette même maladie » et qui avait eu recours en vain pendant sept » mois à toutes les ressources de l'art, *integrè* » *curatur*; puis, une troisième de quatorze ans » et une quatrième de douze ans tellement » malades et agitées de mouvements convulsifs » qu'on les croyait possédées du diable, *septem* » *spatio septimanarum tam perfectè curatur,* » *quam quæ perfectissimè;* » et enfin une cinquième et une sixième dont la narration finit ainsi : « *In omnibus chorea sancti Viti semper ad machinam cessit.* » (1). « De même », ajoutent son savant traducteur et l'abbé Mangin, dans son HISTOIRE GÉNÉRALE ET PARTICULIÈRE DE L'ÉLECTRICITÉ; (2) « M. de » Haen fit voir encore par la guérison de » tremblements de tout le corps, des éblouis» sements les plus violents et de la suppression

(1) De Haen, Ratio nova médendi. Bruxelles 1755. pagg. 388 et seq.

(2). Paris, 1752, tome III.

» des menstrues, qu'une application prudente » de l'Électricité doit être rangée dans la » classe des secours les plus puissants pour » un grand nombre de maux;» — les Hollandais Bikker et Van den Bos, prouvant, en 1757, que, « non-seulement le cœur et les grosses artères, » mais encore d'autres vaisseaux plus petits, » se contractent dans les animaux vivants, » par l'effet de l'étincelle électrique, et arrêtent » ainsi les hémorrhagies les plus graves, » comme aussi terminent par les courants les » aménorrhées les plus rebelles » ; — Watson guérissant en 1763 un Tétanos général contre lequel on avait employé vainement « tous les » remèdes que la médecine ordinaire pouvait » fournir »; — Schœffer et Nebel faisant disparaître « des tumeurs tenaces,des loupes graisseuses, des douleurs rhumatismales,la goutte, la paralysie du nerf optique et même des fièvres intermittentes; » — l'abbé Sans détruisant les paralysies, les entorses,les foulures, le mutisme, la surdité, la léthargie et la catalepsie; — les coliques métalliques, les hernies, les angines et le goître enlevés par S. Fr. Hartmann et Gardane (1); — les quatre-vingt-deux maladies guéries par Mauduit dans les Mémoires de la Société de médecine de Paris, années 1777 et 1778;— et enfin les trois cents observations si remarquables publiées en Hollande par Paets Van Troostwyk et J. R.

(1) Die augewandte electricitat bei Krankheiten des Menschlichen Korpers, 1770.

Deiman, auxquels le prix de la Société de Physique expérimentale de Rotterdam fut adjugé en 1783.

Notons enfin, avec le professeur Beckensteiner, à qui les précieuses traditions de Bertholon généralisant, appliquant et augmentant toutes ces découvertes, ont été si profitables, que : déjà en 1786, c'est-à-dire six ans avant la reconnaissance, toute fortuite, de la contraction des muscles de la grenouille de Galvani sous la lame de couteau déposée sur eux par mégarde, Bertholon relatait encore l'intéressante guérison, après six semaines de traitement, d'une contraction spasmodique permanente des muscles du cou et du membre supérieur droit, chez une jeune fille de dix ans, par le célèbre médecin hollandais Maximilien de Mann. Or, l'appareil employé par M. de Mann à cet effet, « consista en une » plaque d'or liée aux extrémités par un cordon » de soie que l'on attachait depuis le cou » jusqu'aux lèvres, tandis qu'une autre plaque » de cuivre règnait sur la partie inférieure de » l'épine dorsale. »

Nul besoin n'était donc de la grenouille susdite, même pour démontrer l'action des plaques métalliques sur les courants électriques vitaux et la marche en avant, si rapide, de l'esprit scientifique d'alors, électrisé lui aussi, par les travaux de toutes ces intelligences d'élite.

Tant de faits et tant de science remplissent l'œuvre magistrale de Bertholon qu'il n'est point surprenant de voir l'Académie de Lyon, la couronner dans cette même année 1786.

Pourquoi faut-il que les perturbations politiques de cette époque extraordinaire soient venues arrêter cet essor ? Malgré les services, déjà si grands, rendus à l'humanité par l'admirable exploration de cette étonnante force première, qui tenait si bien les promesses du moine Roger Bacon, ici, sur le seuil de 1789, s'arrêtent tous les travaux, toutes les recherches, toutes les études et tous les prodiges de science qui saluèrent l'avènement de Louis XVI et, tout autant que ses malheurs, rendront impérissable le souvenir de son règne. Pourquoi faut-il qu'un nuage de sang vienne si promptement couvrir de son voile l'inauguration de cette ère de progrès de l'esprit humain, dont nous ne ramassons péniblement aujourd'hui que les bribes émiettées!... L'illustre physicien Lavoisier, terminant une de ses grandes expériences sur les fluides élastiques, est brutalement arraché de son laboratoire, pour porter sa tête sur l'échafaud révolutionnaire en sa qualité de financier. Il a beau demander un délai de quelques heures pour pouvoir mener son travail à bonne fin, il ne reçoit d'autre réponse du sauvage président du tribunal du Comité de Salut public de l'époque : « *Nous n'avons plus besoin de savants.....* »

En effet, on n'en eut plus besoin d'assez longtemps, puisque nous ne nous sommes retrouvés qu'il y a quelques semaines à peine, devant la reprise, de cette fois retentissante et carillonnée, des effets de l'application des plaques métalliques diverses déjà enregistrés en 1786!...

Héritier des doctrines de tous ces grands maîtres, le professeur Beckensteiner n'attendit pas la rencontre et l'éclosion des atômes scientifiques actuels, pour recueillir et assembler, dans le silence et les labeurs de son cabinet, tous les matériaux de cette phase nouvelle qu'il allait ouvrir à l'électricité médicale. Dès 1830, il était convaincu de l'inanité, ou, tout au moins, de l'insuffisance médicamenteuse de l'Electricité dynamique, plus promptement exhumée des ruines accumulées par la révolution, grâce à la découverte, en 1820, par le professeur Œrsted de Copenhagen, de l'action de ses courants sur l'aiguille aimantée. Les travaux d'Ampère, d'Arago, de Biot, de Humbolt, de Schweiger, de Vollaston et de Zamboni, la suivirent d'ailleurs de près et amenèrent les expériences de Magendie, de Nysten, d'Andral et de Pouillet. Tous reconnaissaient, avec M. Beckensteiner, que les seuls effets physiologiques de la pile se bornent à produire, dans les muscles paralysés mis en contact avec ses deux pôles, une série de décharges successives très rapides et graduellement intenses, mais qu'elles ne sont momentanément bienfaisantes que dans certains cas de paralysie, ou d'asphyxie récente, et toujours aux dépens d'une surexcitation nerveuse extrême et de phénomènes perturbateurs au dernier chef.

Toutefois, ce ne fut point sans une étude bien approfondie du Galvanisme et des électro-aimants que ces sources d'électricité furent délaissées par le savant professeur, et éloignées du champ médical pour la culture duquel elles avaient été, même, tout d'abord préférées, puisque, dès 1838, (1) M. Becken devançait, d'un peu plus de trois ans, l'invention de la dorure et de l'argenture di rectes, — que MM. Eklington et de Ruolz n'exploitèrent par la Galvanoplastie que sur un brevet obtenu seulement en 1841, — publiait, dix ans plus tard, son appareil *géomagnétifère*, qui lui permettait, dès 1848, de doubler à peu près les produits de ses prairies artificielles de Rochecardon.

Mais ce n'est qu'en 1836 que commencèrent ses travaux d'application de l'électricité statique à la médecine, c'est-à-dire alors que, déjà certain de l'animation, par l'électricité, de tout ce qui a vie sur la terre, tant chez les animaux les plus parfaits, et les plus grands, que dans les espèces les plus microscopiques, voire même dans les végétaux, il pouvait prouver par des faits que (2), employée directement, sans le secours d'aucun excitateur métallique *isolé*, cette électricité, soustraite à l'atmosphère ambiante par le frottement du verre de sa machine à rotation, toute spéciale, contre des coussinets transformés en autant de petits appareils d'induction *particuliers*, cette électricité statique, disons-nous, est :

---

(1) Comme en font foi les annales de la Société d'Agriculture et des sciences de Lyon, tome I, année 1838, page 422.

(2) Mêmes Etudes sur l'électricité tome I pages 97 et suivantes.

1° L'agent le plus essentiel de l'existence, de l'entretien et de la reproduction de tous les êtres vivants;

2° La seule voie possible à l'introduction, d'un être animé capable de modifier, profondément, par son fluide spécial, celui qui provient de la machine;

3° Le vrai principe moteur de la pensée et de la volonté communiquées à nos muscles, dans le monde de nos relations extérieures, et produisant, *seul*, une action générale qui enveloppe tout le corps de son atmosphère;

4° Le moyen de transport le plus efficace, le plus prompt, le plus direct, du médicament spécial à l'organe souffrant et, nous pouvons ajouter, le seul décent, puisque tous autres exigent, toujours, la dénudation de la partie sur laquelle on veut agir; tandis que, par son expansibilité, le fluide électrique atmosphérique traversant les vêtements, même en laine ou en soie, les malades peuvent toujours être traités sans que les assistants se doutent de la nature ou du siège de leur affection.

Toujours sûr, désormais, de pouvoir accumuler, constamment, sur sa machine, la quantité d'électricité atmosphérique suffisante pour équilibrer sa force vitale propre, il a opéré sans crainte, comme aussi *sans aucun appareil isolateur*, et s'est placé lui même dans le cercle d'action du circuit fluidique. Animalisant ainsi le courant électrique chargé de parcelles médicamenteuses appropriées, par cette nouvelle méthode de *Contact direct*, il a pu varier à l'infini l'influence et la manière d'agir de l'électricité sur ses clients, et cela d'autant plus sûrement qu'il prend lui-même sa part de tous les effets produits.

Avant lui l'électrothérapie n'avait que des moyens excitants ; elle était donc contre indiquée dans tous les cas où les calmants sont nécessaires. Par sa méthode, il a en puissance les calmants tout comme les excitants les plus énergiques. Il peut à volonté faire succéder les uns aux autres, dériver, révulser, disséminer à son gré, et, par conséquent, élargir indéfiniment le cercle des maladies pour lesquelles on peut employer avantageusement l'électricité; aussi pouvons-nous affirmer aujourd'hui qu'il y a, maintenant, bien peu de cas où elle ne puisse être de quelque utilité, soit pour guérir, soit tout au moins pour soulager et amoindrir.

Hâtons-nous, enfin, d'ajouter, en jetant ce coup d'œil d'ensemble sur les avantages présentés par la méthode de notre excellent Maître, qu'en raison même de l'animalisation imprimée au fluide électrique, dont il peut toujours modifier l'action à son gré, l'opérateur est constamment averti des sensations éprouvées par son malade. Quels que soient, donc, le vague et l'obscurité présentés par l'apparition, plus ou moins voilée, des symptômes de la période prodromique, ou d'invasion, dont la plupart des maladies, même les plus graves, sont toujours précédées, rien n'est plus facile aux courants électro-statiques, judicieusement choisis et conduits, de les détruire au fur et à mesure de leur production, à l'heure même où commence la déviation de la force vitale, libre encore de tous liens, de toutes complications et de toute influence médicamenteuse néfaste. Tel est le secret des avortements si nombreux de maladies inflammatoires on ne peut plus violentes, y compris les péritonites et les fluxions de poitrine même pernicieuses, qui confirment déjà partout, entre les mains du Maître et de ses disciples, l'heureux emploi de sa méthode.

Fasse le Ciel qu'aucunes catastrophes illustres nouvelles ne viennent plus en faire regretter l'ignorance ou l'oubli !

OBSERVATIONS

Article premier : Epilepsie.

Que de cures admirables, et d'une promptitude qui tiendrait souvent du prodige, ne pourrions-nous pas presque toujours obtenir, s'il nous était donné de prendre, à leurs débuts, ces états convulsifs généraux, épileptiques et hystéro-épileptiques, aussi nombreux que cruels, qui plongent à cette heure tant de familles dans le deuil, la misère et la ruine imméritées ! que de faux pas, que de souffrances inénarrables auraient pu être épargnées, — jusque dans notre propre maison, — à ces situations morbides que M. Beckensteiner dépeint avec tant de justesse, quand il dit : « l'épilepsie est plutôt un groupe de symptômes » qu'une affection essentielle qui, déjà du temps » d'Asclépiade, était si fréquente dans un quar- » tier de Rome souvent exposé — comme Nimes, » — à l'action d'un air froid et sec, notamment » dans les familles au sang herpétique et âcre... » C'est, ajoute-t-il (1) avec raison, un désor- » dre des fonctions du cerveau sans fièvre » concommittente, reparaissant à des époques » ordinairement irrégulières, mais quelquefois » périodiques, ayant une tendance remar- » quable à devenir chronique et dont la cause » matérielle nous est et nous sera toujours » inconnue, comme celle qui donne le mouve- » ment aux muscles volontaires et la puissance » d'action aux sens, parce que dans l'orga- » nisme vivant il y a quelque chose de plus que » la structure. »

Partant de ces données, nous avons pu, heureusement instituer d'ores et déjà deux traitements pro-épileptiques qui nous donnent tous deux, à cette heure, beaucoup d'espérances de guérison durable et certaine, bien qu'il n'y ait pas encore trois mois que nous ayions été appelé à recueillir, par la force des choses, la succession médicale du célèbre docteur Tourrette.

---

(1) Etudes sur l'Electricité, tome II page 10.

PREMIÈRE OBSERVATION.— Chéz François D... de Grasse (Alpes-Maritimes), menuisier, âgé de 27 ans, lymphatique nerveux, de forte constitution, la maladie remontait à douze ans d'existence : elle avait pris naissance au milieu d'une partie de chasse nocturne pendant laquelle François, âgé alors de seize ans, s'endormit en pleine automne sous un maronnier qui ne put le préserver d'un froid glacial; celui-ci le réveilla et ne précéda que de deux heures l'arrivée d'une première crise. Elle fut très-violente, dura un quart d'heure et épouvanta tellement ses compagnons de chasse qu'on le ramena chez lui. Un sommeil réparateur de quelques heures le rétablit pour 25 jours, période toujours observée dès lors pour le retour fixe de toutes ses crises d'hiver. La seconde arriva vers 8 heures du soir, après son souper. Terrible comme la précédente, et sans aucuns symptômes précurseurs. elle fut suivie de plusieurs autres pendant l'hiver et le printemps; mais dès cette première année, les attaques se montrèrent plus fréquentes, plus longues et plus intenses à mesure qu'arrivèrent les chaleurs, pendant les quelles il eut souvent une attaque redoublée dans la même journée.

A peu près toutes les semaines, mais plus particulièrement le dimanche, jour où il quittait ses travaux manuels et se livrait plus volontiers à la lecture, il était régulièrement pris de fréquents élancements ou éclairs vertigineux, avec vives douleurs céphalalgiques partant de chaque tempe pour se réunir au milieu du front, étourdissement et moment d'absence, d'oubli de ses idées présentes, qui ne revenaient qu'une fois cet éclair passé. En même temps apparaissait, d'abord par plaques, et puis générale, une grande pâleur de la face, avec les yeux cernés d'un cercle bleuâtre, — ce qui lui arrive aussi habituellement dès la veille d'une grande crise.. Son caractère devenait triste, morose, un mortel ennui s'emparait de lui et le livrait pendant de longues heures à un immense découragement. Il avait, en un mot, tout ce qui constitue l'approche d'une grande crise et qu'on a si bien nommé l'*aura épileptica...* Mais la crise réelle n'arrivait que le 3e ou le 4e dimanche.

Alors elle débutait toujours par la sensation d'une vive chaleur qui, tout à coup, l'envahissait tout entier, des pieds à la tête et lui enlevait toute connaissance. En même temps un tiraillement vertigineux faisait pirouetter son corps, et même ses yeux, sur le côté droit et portait la tête violemment sur l'épaule droite. Une fois la crise passée, il éprouvait une douleur assez vive dans tous les muscles du cou; cette douleur devenait plus grande encore au toucher.

A ce moment, les convulsions s'emparaient du grand muscle trapèze et portaient la face violemment et convulsivement de côté et en haut. Il perdait complétement connaissance et tombait, le cou tuméfié et serré à la gorge au point de l'étouffer. Des spasmes généraux qui étreignaient sa poitrine, secouaient, convulsaient tous ses membres, souvent pendant plus d'un quart d'heure et lui arrachaient des cris rauques, étranglés, sauvages et toujours suivis de flots d'écume.

Un traitement homéo-hydrothérapique de près de deux mois l'avait assez promptement soulagé et à moitié débarrassé de ses maux de tête hebdomadaires; il avait par conséquent fortement encouragé ce brave jeune homme, à entreprendre son traitement curatif proprement dit. Il prit donc résolument ses bains électro-statiques, alternés avec l'usage de nos *bonnes fontaines* de Vals et de Neyrac les plus faibles, les plus légères et, pour nous incontestablement *les plus efficaces et les meilleures de notre station vivaroise.*

Dès cet instant toutes céphalalgies, toutes douleurs et sensations de chaleur vertigineuse, qui le remplissaient de tant de tristesse et d'ennui, ont non-seulement disparu dans l'intervalle des crises, mais encore, celles-ci ont été déjà fortement amendées et adoucies, en même temps qu'elles se sont de beaucoup éloignées, puisque, malgré les violents coups de feu de l'été qui vient de finir, ce n'est qu'à une distance de quarante-trois jours qu'il en a pris une dernière, venue encore le dimanche. Celle-ci n'a duré que cinq minutes à peine et a été, de cette fois, précédée d'une *aura* assez longue et assez accentuée pour que cette chaleur douloureuse de tout le corps, montant auparavant si rapidement à la tête qu'elle remplissait d'étourdissements et de bruits, ait précédé la crise de près de trois heures.

Ce fait si insolite, aurait dû le porter à chercher dans un bain électrique supplémentaire, et un séjour au lit de quelques heures, le repos qui, peut-être, lui eût épargné cette dernière attaque. Il en sentait si bien l'arrivée que, tout en jouant au croquet il lui disait intérieurement : mais tu n'oseras pas, coquine, tu ne viendras pas! je te tiens, cette fois-ci.... hélas, non! Décidément vaincu une fois encore, elle revint au milieu de cette partie qu'il eut pourtant le temps de suspendre. Il déposa le croquet qu'il avait à la main et put se porter à quelques pas, au pied d'un arbre auquel il appuya sa tête prise de vertiges ; il entendit ses amis lui dire : que faites vous donc ? pourquoi ne jouez-vous plus ? — et c'est alors seulement qu'il s'est étendu, plutôt que laissé tomber en poussant deux gémissements à demi étouffés. Il est resté tout enraidi et sans respirer pendant une minute à peine, et puis, la respiration est devenue bruyante, un peu d'écume est apparue à la bouche et ses membres, ses bras se sont agités légèrement pendant deux minutes. Il s'est ensuite assoupi quelques instants et enfin relevé tout frissonnant de froid pour rentrer à la maison. Il ne sentit nul besoin de se coucher, comme il faisait précédemment ; il put même faire honneur au souper.

Voilà donc vingt jours de retard apportés, dès le second mois de traitement électrique, à cette maladie, si terrible pendant les étés surtout, et qui ne laissait aucun repos à ce pauvre jeune homme que le désespoir et la crainte de périr sans secours avaient porté, depuis huit ans, à se réfugier auprès des bons Pères de la Trappe, toujours si vigilants et si tendres pour les malheureux que le monde rejette et fuit si cruellement! Espérons donc, que de même que pour le jeune Anglais cité dans les Etudes sur l'Electricité, le succès complet ne se fera pas attendre plus de quelques mois à peine, tandis qu'il était condamné, de par la science officielle, qu'il avait si longtemps employée en pure perte, à périr misérablement et sans aucune rémission.

Deuxième Observation. — Le second cas qui s'est présenté à notre clinique et dont nous avons tout lieu aussi d'attendre la prochaine guérison, est une jeune femme épilepto-hystérique, Mme B...... de B...... âgée de 34 ans. Lymphatique nerveuse, de très bonne constitution, elle a été sujette jusqu'à 7 ans à de violentes convulsions. Réglée à 15 ans et depuis lors toute les trois semainespendant six à huit jours, assez abondamment, elle s'est mariée à seize et demi et n'a jamais eu d'enfants, ni même de commencement de grossesse. En proie dès son enfance à des bronchites presque continuelles, elle habitait unappartement neuf, humide et sans air lorsqu'elle fut prise, il y a huit ans, d'un nouveau mouvement fluxionnaire des bronches et de la gorge qui lui fit perdre toutes ses dents et fatigua beaucoup plus sa poitrine. Ce fut à un point tel qu'elle tomba dans un épuisement complet, perdit tout appétit et fut assaillie, d'abord chaque mois, puis tous les huit jours, puis encore tous les jours, et enfin, régulièrement et habituellement deux fois par jour et à heure toujours fixe, à midi et cinq heures du soir, par des crises nerveuses spasmodiques, inconscientes, tellement cruelles que, durant quelques minutes, dans les premiers temps, et puis pendant une, deux et quelque fois trois longues heures, la pauvre femme, tout d'abord prise d'une toux sèche et forte, était tout à coup saisie d'un tremblement convulsif qui lui tordait tous les membres. Alors, ses poings se fermaient violemment, sa figure était en feu, ses yeux hagards, hors de tête, et ses lèvres ardentes se couvraient d'écume. De la gorge et du larynx, étranglés et brûlants sortaient, par saccades précipitées de longs cris inarticulés et stridents qui terrifiaient tout son quartier, surtout lorsque les spasmes s'étendaient à tous les muscles de la poitrine et au diaphragme.

Cette horrible situation dura ainsi un peu plus de deux ans à la suite des quels elle s'améliora peu à peu d'elle même. Tous les remèdes qui avaient été employés, étant toujours restés sans action, étaient déjà depuis longtemps abandonnés. Pendant les trois années qui suivirent, ces crises ne reparurent presque pas; elles furent remplacées par un abattement et une prostration immenses, une perte d'appétit plus radicale encore et une constipation opiniâtre qui ne l'a plus quittée. Enfin, il y a un an, sans nouvelle cause connue, sont revenues s'ajouter, avec autant de force et de régulière intermittence que jamais, ces affreuses crises qu'elle croyait pour toujours disparues. C'est dans cet état qu'elle nous est arrivée, nous accusant un affaiblissement de plus en plus considérable, et des attaques d'autant plus terribles et plus longues que le temps *est plus proche de la pluie*, tandis qu'elle a depuis longtemps remarqué combien moindres sont ses souffrances lorsque le vent est au Nord.

Trois semaines des eaux de la Marie, de la Délicieuse 3me, et puis de la Françoise et de la Favorite, *toutes électrisées*, et quelques bains de Neyrac, le tout combiné avec ses bains Electro-statiques, ont suffi pour avoir raison de ces attaques, de la dyspepsie et de la grande déperdition de forces qui en avaient été la suite.

Commencées le 31 juillet, nous avons institué ces deux médications électriques selon la méthode et les principes du maître, c'est-à-dire que, nous identifiant avec le fluide produit par la machine à rotation perfectionnée et régularisée dont il est l'inventeur, et, par ainsi, le vivifiant, tout en en partageant les effets avec le patient, nous avons pu, tout d'abord, calmer nos malades avec les grandes passes électro-magnétiques vivantes, et des courants métalliques, dirigés de la tête aux pieds, tantôt avec l'excitateur en argent, tantôt avec l'appareil que nous chargions soit de musc, soit de Valériane ou même d'*Agaricus muscarius* en alcoolature, pour être administrés *loco dolenti*.

Ensuite, le massage électrique et les grands courants fournis par l'or natif et puis, tantôt ce métal, tantôt l'argent, pris également en boissons électrisées, les tonifiaient toujours sûrement. A la fin de leur bain nous pouvions toujours aussi, à l'aide du fer, tant en frictions qu'en étincelles, ramener lestement la chaleur et la vie dans leurs membres inférieurs, habituellement engourdis et glacés après chacune des crises. Chez la jeune Dame le succès a été plus prompt et plus complet que chez le jeune homme. Non seulement les crises n'ont plus reparu, malgré la série d'orages qui est venue interrompre son traitement, mais la menstruation elle-même n'a plus été marquée que par des malaises insignifiants; quelques granules d'Anémone les ont promptement fait disparaître.

Article second : Stérilité essentielle ou Anaphrodisie.

Après la relation de ces deux premières Névroses convulsives dont M. Beckensteiner place, avec tant de raison, le siège et le point de départ dans l'appareil Génito-urinaire, nous devons ranger, pour le même motif, celles de l'Anaphrodisie ou Stérilité essentielle.

3me ET 4me OBSERVATIONS. — Deux cas se sont présentés à notre cabinet. Tous les deux appartenaient à des femmes frêles, d'un tempérament lymphatique nerveux et d'une constitution déjà grandement affaiblie. Toutes deux étaient épuisées par la présence, dans leurs intestins, depuis plusieurs années, de vers solitaires, *Botryocéphale* chez l'une et *Tœnia* chez l'autre, qui tous deux avaient résisté à tous les Anthelmintiques connus, voire même au Cousso. Une Céphalalgie intense et continue, un marasme complet et une Leucorrhée abondante, malgré un appétit souvent féroce, avaient desséché ces deux femmes, jeunes encore, qu'allanguissaient 17 ans de stérilité chez l'une, Mme B..... du Ch...., et 18 ans chez l'autre, Mme B..... de V......, que des mariages, pourtant très bien assortis, semblaient devoir rendre promptement fécondes. Tuer les vers, enlever la migraine, régulariser les digestions et détruire les pertes blanches, tout cela nous a été facile par les courants, les frictions et les étincelles *électro-stanniques*, aidées d'abord de la Marie et de la Françoise électrisées, puis de la Vivaraise 5 et de la Madeleine également électrisées à l'Etain, à l'or et enfin au fer. Quelques bains de Neyrac, ont parachevé ces deux traitements.

Les nouvelles, que nous recevons presque à l'instant, de nos deux malades nous apprennent le maintien de leur état de guérison; mais la stérilité sera-t-elle vaincue? — Espérons le, puisque les causes qui l'entretenaient continuent à l'être.

Article troisième: Eréthisme nerveux

Cette grande famille de Névroses nous a fourni bien des clients et déjà, nous devons le dire, de très beaux succès qui nous ont quelquefois surpris nous même, bien qu'émaillés de quelques revers toujours dûs à l'inconstance des malades.

Parmi les plus violentes que nous ayions eu à traiter, nous citons, entr'autres, comme types:

A. POLYDIPSIE ÉBRIEUSE DE HUFELAND
ou Delirium tremens.

CINQUIÈME OBSERVATION. — Elle existait chez l'un des meilleurs contre-maîtres chauffeurs de l'une de nos plus grandes usines métallurgiques françaises, M. R....., de T...., âgé de 38 ans. Lymphatique dans sa jeunesse, puis bilioso-nerveux et de vigoureuse constitution, il était dès longtemps habitué à l'emploi, même à l'abus des boissons alcooliques, pour pouvoir résister à l'action du feu violent des haut-fourneaux qu'il avait mission d'entretenir. Il a fait, il y a cinq mois, dans son usine, étant à moitié asphyxié par les vapeurs d'acide carboniqne exhalées de ses fours, une chute terrible de seize mètres de haut, de la quelle il a eu le bonheur de réchapper sans fracture grave, mais après deux semaines d'un délire violent, (qu'expliquait trop bien la commotion cérébrale nécessairement subie), et deux mois de repos. Pendant ce temps, son habitude de boire aidant, il a éprouvé des hallucinations très fréquentes ; sa parole était quelquefois embarrassée, mais le plus souvent saccadée, rapide, impérieuse et exprimant parfois une certaine aberration des facultés intellectuelles. Il a ressenti dès lors une faiblesse et une prostration inaccoutumées et accompagnées d'une horreur invincible pour le séjour au lit, beaucoup de pesanteur à l'épigastre et de dégoût pour les aliments, une tension douloureuse aux hypochondres, des rapports nidoreux, des nausées et enfin de fréquents vomissements.

Depuis cette époque son caractère n'a plus été le même, il aime à changer à chaque instant de position et il devient souvent le jouet des fausses sensations les plus bizarres. Tous les muscles de son corps, mais surtout de ses membres supérieurs sont, parfois, agités de mouvements continus, inégaux et involontaires qui rappellent, à s'y tromper, tous ceux de la Chorée. Sa peau est le plus souvent chaude, halitueuse ; ses yeux, brillants et hagards, sont fixes ou roulent dans leurs orbites, et ses conjonctives deviennent rouges et gonflées, bien que son pouls soit le plus souvent à l'état naturel et sans le plus léger mouvement fébrile.

Or et argent, en grands courants, étincelles et frictions, en même temps que Délicieuses et Favorite, électrisées, et puis Neyrac, l'ont complètement rétabli en quinze jours.

B. GASTROSE DIAPHRAGMATIQUE, ASTHME ET INSOMNIE.

SIXIÈME OBSERVATION. — Il en a été de même pour le malheureux et brave Clary de Vinsobres, cultivateur âgé de 42 ans, lymphatique nerveux et de bonne constitution. Accablé, dès l'âge de 12 ans, par un travail journalier tout à fait au-dessus de ses forces, il a vu successivement arriver des troubles digestifs, des palpitations de cœur de plus en plus intenses, un rhumatisme erratique, dit-il, de tout le tour de la ceinture, et puis une névralgie sciatique. Cette dernière l'a privé pendant longtemps de l'usage de son membre inférieur droit. Peu à peu ses souffrances à l'estomac sont devenues telles qu'il en arriva à ne plus pouvoir rien avaler sans être obligé de vomir presque instantanément. Mais ce qui le fatiguait encore plus, c'était l'apparition régulière, chaque nuit, dès dix heures du soir, d'une convulsion spasmodique de tous les muscles de sa poitrine, et tellement douloureuse et poignante que, dès lors, il n'a plus goûté cinq minutes d'un bon et véritable sommeil; aussi depuis dix ans son insomnie, sa gastrose et son oppression étaient pénibles à ce point, que l'excellent et généreux confrère, qui ne l'a envoyé qu'en tremblant à nos bonnes fontaines arsénico-ferrées, a cru chez lui à l'existence d'une affection organique du cœur on ne peut plus grave.

Nous avons eu le bonheur de le lui renvoyer complètement et radicalement guéri de toutes ses douleurs, surtout de ses *crises asthmatiques* et de cette si cruelle *insomnie*. Cinq autres cas, tous graves et chroniques aussi, quoique moins que celui là, ont été plus rapidement encore anéantis par les courants de Valériane et d'argent, et puis, par le massage électrique joint au fer donné en étincelles aux deux jambes.

C. HYSTÉRIE.

Septième Observation.— Ainsi encore, pour Mme L..... propriétaire à Chaze, vigoureuse petite femme bilioso-nerveuse, âgée de 60 ans. Malgré neuf grossesses et onze allaitements de 24, 28 et 30 mois chacun, elle s'est toujours livrée à un travail tellement actif qu'elle a été prise, à 47 ans, à la suite d'une ménopause orageuse, de douleurs hystériques cardiaques et gastriques, tantôt contractives et tantôt brûlantes, avec atrophie marquée du foie, oppression, nausées, vomissements et des palpitations parfois même sensibles à la vue et à l'ouie; ces dernieres étaient d'une telle violence qu'elles semblaient vouloir, à certains moments, briser les côtes, dit-elle. Alors la pauvre malheureuse était souvent 8 ou 10 fois par jour, dans des souffrances horribles jusqu'à ce qu'elle eût vomi le peu de nourriture qui, chaque fois qu'elle subissait ces crises, avait le curieux pouvoir de les arrêter instantanément, mais toujours, aussi, à la condition de vomir, à la crise suivante, ce qui avait si bien servi de remède à celle qui avait précédé.... Et cela durait depuis quatorze longues années ! aussi son marasme était-il extrême!.....

Un fait symptomatique assez extraordinaire à noter dans cette non moins extraordinaire névrose, et qui s'est montré le point de départ, la caractéristique hahnemannienne du retrait de la maladie, c'est la persistance de la sensation de froid algide qu'elle éprouvait, depuis le commencement de ses souffrances, dans la partie moyenne, seulement, de chacune de ses jambes, du mollet à la cheville, les pieds eux-mêmes restant toujours chauds, même en hiver. — Huit bains électriques et l'eau d'or seule ont été administrés : dès le quatrième, la chaleur est revenue au mollet gauche ; amoindri seulement au droit, il a fallu aller jusqu'au huitième pour avoir raison de ce froid si glacial : mais déjà les vomissements n'existaient plus, les douleurs étaient disparues et hier, elle s'est trouvée assez bien rétablie pour vouloir prendre sa part de l'antique pélérinage à la chapelle de Sainte-Marguerite, bâtie tout au sommet de la haute montagne qui nous surplombe et à laquelle la Sainte Bergère de Vals a donné son nom. La montagne est admirable; elle est, en été, une immense gerbe de fleurs et de verdure, et elle constitue l'une des plus belles excursions de notre incomparable région des Volcans..... Mais notre convalescente a dû faire à pied une ascension de trois heures de marche, au moins, et par un froid on ne peut plus piquant. Espérons qu'elle les aura fait sans nouvel encombre et qu'elle sera assez sage, désormais, pour s'épargner, tout au moins, les travaux échevelés qui ont amené cette triste maladie.

D. HYSTÈRIE MUSCULAIRE.

Ici vient se ranger naturellement la guérison d'une névrose complexe. Avec Schœnlein nous appelons *Hystérie musculaire,* bien plutôt que *petite Chorée* ou *Danse de St-Guy*. Transportée tout à coup dans un milieu contaminé par une épidémie assez intense de Coqueluche, elle se l'est aussitôt appropriée en la faisant arriver, d'emblée, à la période convulsive la mieux caractérisée.

HUITIÈME OBSERVATION. — Mlle Julie B..... de

de B..... a trois ans et demi; née d'une mère phthisique et nièce d'une tante hystérique, elle a apporté en naissant un tempérament lymphatique nerveux on ne peut plus impressionnable. Prise, dès sa première année, d'une Bronchite catarrhale, on eut la malheureuse idée de la traiter par de nombreuses purgations. Le sirop de Pagliano, donné dans ce but, ébranla tellement le système nerveux de la pauvre enfant qu'un mutisme complet se déclara dès lors. Les muscles de la face et du larynx se convulsèrent si souvent et si complètement que, malgré la précocité de son intelligence, il a été impossible, jusqu'à l'âge de deux ans et demi, de lui apprendre à dire autre chose que *papa* et *tatan*; il y a six mois elle ne pouvait encore ajouter aux précédents que les deux mots *pain* et *vin*. Sa nourrice venant alors à mourir d'Eclampsie puerpérale, sa tante la recueillit et l'amena dans sa maison. Le quartier était rempli de Coqueluches; l'enfant prit aussitôt cette maladie et dès le premier jour, fut en proie à des crises de toux convulsives violentes pour lesquelles sa nouvelle et si bonne mère l'amena à Vals. D'une pétulance extrême, cette jolie et délicieuse enfant, d'un caractère toujours si aimable et si doux, s'agitait tout à coup et se mettait à tressaillir profondément sans pouvoir s'arrêter. Ses pieds semblaient alors mal assurés; ses épaules se soulevaient sans cesse, et ses mains, constamment en l'air, gesticulaient de la manière la plus bizarre. Ces contractions, bien qu'involontaires, augmentaient toujours d'intensité lorsqu'on la regardait ou qu'on voulait les empêcher. Elle n'était, d'ailleurs, sujette à aucune autre souffrance, et si n'étaient ses convulsions, qui revenaient plus souvent de nuit que de jour, son sommeil eut été parfait. Néanmoins cette agitation si permanente l'avait pâlie, son pouls était devenu plus fréquent et plus petit vers le soir, et ne pouvant plus manger qu'avec peine, elle avait sensiblement maigri. — Les courants d'argent et de valériane, des douches électriques laryngiennes administrées avec l'eau d'or, quelques passes, tantôt antimoniées, tantôt stanniques sur la gorge et la poitrine, puis le fer en friction sur les mollets et les pieds, ont fait promptement justice de cet état symptômatique si complexe, et lorsque après quelques bains de Neyrac, elle a eu terminé son traitement électro-minéral, elle parlait assez couramment pour qu'on ait pu la conduire au pensionnat d'enfants que dirige une autre de ses tantes.

E. ÉRETHISME GÉNÉRAL OU ÉCLAMPSIE ANÉMIQUE.

NEUVIÈME OBSERVATION.— Mais nous ne finirons pas la revue Clinique de cet ordre de névroses sans noter un état d'*Erethisme nerveux* aussi *général* qu'intense que nous a présenté un jeune et charmant enfant de Montélimar, âgé de 3 ans, lympathique nerveux aussi, et que sa mère a nourri au milieu des angoisses et des douleurs amenées par la maladie, et puis la perte d'une fille aînée qu'elle adorait. Forcée de livrer à une nourrice étrangère cet enfant, qui vomissait après chaque tettée et déjà était couvert, depuis quelques semaines, d'une éruption érythémateuse générale, la pauvre mère crut pouvoir compenser cet abandon forcé par un redoublement de tendresses et de gâteries. Mais, le caractère impérieux et la précoce intelligence de l'enfant aidant, elles n'aboutirent qu'à développer de plus en plus chez lui une exigence de volonté telle que tout, dans la maison, s'habitua bientôt à plier devant lui. De là une foule de réprimandes un peu tardives et de contrariétés qui ne laissèrent pas que de contribuer beaucoup à la venue de l'*Eclampsie anémique* dont les crises convulsives ont apparu plusieurs fois dans ces trois années. Chaque fois vaincues avec les armes héroïques fournies par l'homéopathie la plus savante à l'oncle de cet enfant, l'un des meilleurs praticiens de notre belle Vaucluse, M. le docteur Denis, d'Avignon, mais toujours renaissantes, en raison de son cachet psorique, des convulsions n'ont pas tardé à produire l'état que nous appelons *Eréthisme général* de tous les nerfs du système périphérique. L'or et l'argent en grands courants, le souffre et l'eau d'or électrisés l'ont rapidement anéanti en ramenant de toutes pièces la production d'une éruption vésiculeuse générale critique. A sa suite cet enfant a pu rentrer, tout au moins déjà très heureusement amendé, dans sa famille.

Article quatrième : Amauroses.

Lors de la si bienveillante et si heureuse venue de M. le professeur Beckensteiner à Vals, pour la bonne installation et l'orientation des appareils dont son amitié n'avait voulu confier à personne autre le soin de surveiller la fabrication, l'emballage et le transport, il vit dans notre clinique naissante trois cas d'Amauroses.

10e et 11e OBSERVATIONS. — Les deux premières étaient récentes, doubles, et toutes deux encore à la période Amblyopique. L'une existait chez un homme de 60 ans, M. T..... de Mayres, mécanicien hydraulique, bilioso-Sanguin, et de constitution athlétique. Il n'avait jamais eu d'autre maladie que la Gale dans sa jeunesse ; mais depuis longues années son état l'obligeait a travailler, le plus souvent, dans l'eau et au milieu de la poussière que soulevaient ses métiers à carder les laines et les déchets de filature ou bourre de soie.

Une poussière aussi âcre avait promptement fatigué ses yeux et ceux de sa femme qui, plus jeune seulement de deux ans, bilioso-nerveuse et de très forte constitution,est restée, plus que lui encore, plongée dès son enfance dans cette atmosphère délétère. Des maux de tête continus et une pléthore précoce démontrèrent bientôt, dans la partie supérieure du corps de cette vaillante ouvrière, l'afflux trop considérable d'un sang déjà un peu âcre et d'origine dartreuse. Il fut si violent que dès l'âge de 18 ans ses cheveux commencèrent à blanchir, en même temps que sa poitrine s'oppressait et devenait asthmatique; ce sang qui bouillonnait dans son cœur hypertrophié s'épaississait tellement, nous disait-elle, qu'il ne parut qu'à grand peine et pendant quelques années seulement, à de rares et courtes époques cataméniales qui cessèrent même tout à fait à 28 ans.. aussi n'a-t-elle jamais eu d'enfants, mais bien des pertes blanches accompagnées d'un prurit vulvaire douloureux et brûlant, d'une dyspepsie invincible, d'une atrophie assez marquée du foie et d'une véritable Coprostasie, ou Eréthisme Spasmodique des intestins tellement tenace que, depuis bien des années elle ne peut plus aller du corps qu'à force de lavements. En même temps apparurent, un peu partout, des douleurs rhumathismales, souvent violentes, mais toujours suivies, depuis lors, d'un froid aux pieds terrible, surtout à gauche, et d'une enflure on ne peut plus pénible des membre inférieurs. Ceux-ci, tout comme les deux bras, se recouvrent parfois de petites tuméfactions, ou nodosités, non toujours douloureuses, mais si nombreuses depuis la frayeur que lui fit éprouver, il y a dix ans, l'incendie de sa maison, qu'elle en est souvent toute couverte : rien d'étonnant, dès lors, que la paralysie des nerfs optiques ne vint s'ajouter à toutes ses tortures... Aussi est-elle déjà, comme son mari, atteinte d'Amblyopie, de Myodopsie et de Vertiges qui leur ont fait renoncer, tous deux depuis trois ans, à leurs travaux de moulinage. Sauf les nodosités dont nous venons de parler le mari présente exactement les mêmes symptômes que l'infatigable compagne de tous ses travaux. A tous deux nous appliquons donc le même traitement électrominéral. Les frictions électriques, les étincelles auriques, tirées d'abord avec beaucoup de peine de toute la longueur du grand axe cérébro-spinal, les grands courants d'or et puis d'argent, le pinceau, les cônes de carbo vegetabilis et les douches oculaires électriques à l'eau de roses et à la valériane, enfin, les frictions ferro-magnétiques des jambes les ont en quelques jours débarrassés tous deux de cette complication si dangereuse et de la *goutte sereine* implacable qui les menaçait. Maintenant, les eaux éminement dépuratives et onctueuses, si agréables et si douces, de Neyrac achèveront lestement leur double guérison.

12me Observation. — La troisième, celle que M. Beckensteiner vit arriver à notre cabinet, était une Amaurose torpide déjà vieille de douze ans. Elle avait résisté aux plus savantes et aux plus complètes médications de tous nos confrères voisins. Pour ne citer que la dernière, nous rappellerons seulement au souvenir de notre vénérable Maître, que Mme D..... notre cliente à tous deux, nous dit qu'elle avait recouru en vain aux lumières du célèbre oculiste méridional, notre regretté, mais non encore remplacé confrère, le docteur Serre, d'Uzès. Agée de 46 ans, d'un tempérament pléthorique sanguin, d'une forte et superbe constitution, elle est née dans les hauts vallons de la Bastide, en pleine région volcanique, et c'est au milieu des *Chaussées de Géants* de nos immenses coulées basaltiques, et parmi nos pics les plus hardis de trachytes aigus, qu'elle a fait paître ses troupeaux de chèvres jusqu'au moment où, mariée et jeune mère d'une famille déjà nombreuse, elle voulut augmenter ses bénéfices en se chargeant d'allaiter, par surcroit, un nourrisson étranger. Celui-ci apporta les germes d'une affection virulente constitutionnelle qui devait bientôt, le tuer lui-même, empoisonner l'existence de sa nourrice et lui laisser en héritage cette maladie profonde du milieu de l'œil contre laquelle luttèrent, toujours en vain, les meilleurs praticiens de nos montagnes, jusqu'au moment où le puissant diagnostic du docteur Serre et sa médication héroïque enrayèrent, malheureusement trop tard, la marche d'accidents syphilitiques déjà trop anciens. L'amaurose, congestive et par contraction pupillaire, était déjà irrémédiable par les moyens ordinaires. L'amblyopic, l'hémiopie, la triplopie, la myodopsie et la psendochromie ne purent être que momentanément vaincues, et après une amélioration de quelques mois, la nuit se fit de nouveau tout autour d'elle. Des congestions cérébrales partielles la la rendirent encore plus obscure et la malade resta pendant dix ans réduite à ne se conduire qu'avec une peine immense. Depuis longtemps elle ne pouvait plus ni lire, ni enfiler son aiguille et encore moins coudre, ou même raccommoder sa lingerie de famille la plus grossière. Souvent, au milieu des épais brouillards de ses nuits presque toujours sans sommeil, elle se sentait subitement secouée par une nouvelle et violente commotion électrique naturelle; réveillée alors en sursaut, elle éprouvait dans la tête une vive douleur qui durait quelquefois plusieurs heures. Lorsque cette commotion survenait dans la journée, elle était comme foudroyée par un éclair de feu qui l'éblouissait, l'étourdissait et l'obligeait, pour ne pas tomber, à se cramponner au premier arbre de la route, et à attendre, dans l'aveuglement le plus profond, le passage d'une bonne âme qui voulut bien laramener chez elle.

Malgré toutes ses souffrances et sa vue de plus en plus affaiblie, cette vaillante femme n'a jamais cessé de s'ingénier à travailler et à gagner d'une façon ou d'une autre, le pain de ses enfants. Huit jours à peine après la dernière de ces crises *gymnotiques*, arrivée dans la matinée du 15 juillet, presque au sortir de chez elle, plus violente encore que toutes les autres, et suivie d'une plus grande céphalgie, elle est venue sur le champ, nous demander, à tous deux, le soulagement de ses douleurs et puis le retour de sa première vue. Malgré l'ancienneté de cette paralysie progressive et convulsive des nerfs optiques, sans nul doute exténués, effilés et peut être en partie desséchés, comme l'a observé le professeur d'Aumont ; malgré tous les orages de la période critique dans laquelle est actuellement plongée cette brave cliente, M. Beckensteiner ne désespéra point de la guérir. Il nous mit résolument à l'œuvre en nous avertissant que certainement nous aurions bien des rechutes à vaincre, bien de petites révolutions cérébrales et utérines à dompter encore, et de longues semaines à attendre, peut-être, avant de pouvoir terrasser un ennemi si acharné et si puissant.

Hé bien, aujourd'hui 25 août, malgré les petites tempêtes mensuelles essuyées, notre malade va déjà réellement bien mieux; elle ne voit plus ni étincelles, ni lumières, ni éclairs, ni flammes voltiger devant ses yeux, pas même la nuit, ce qui l'effrayait si souvent. Elle sent, depuis plus d'un mois, sa tête plus légère et tout à fait sans vertiges et sans douleurs ; sa figure, terreuse et grippée jadis, a repris son animation et son teint fleuri d'autrefois ; ses époques sont plus régulières et bien moins douloureuses.

Dès le 10 août elle n'a plus vu de points noirs voltiger devant ses yeux; le gauche seul lui fait croire encore quelquefois « à une chaine métallique qui se déroule dans son angle externe et monte et descend, comme les Anges de l'échelle de Jacob, » nous raconte-t-elle. Déjà elle peut enfiler son aiguille et même s'essayer à coudre sans trop de peine.— Il y a quelques jours, elle ramassait à terre une fine épingle à dentelles qu'elle venait d'apercevoir sur le parquet de notre cabinet. Espérons donc qu'elle, aussi, ne tardera pas à grossir le nombre de nos guérisons bien confirmées.

Article troisième : Coprostasie ou Constipation.

L'observation de ces paralysies nous amène à parler de celles, bien plus nombreuses, que nous avons déjà eu le bonheur de guérir ici même et toujours à l'aide de notre traitement électro-minéral. La plus fréquente a été, cette année, la *Coprostasie* ou *paralysie musculo-intestinale chronique*, précédant immédiatement l'irritation, inflammatoire ou nerveuse, du colon transverse et amenant ces *Constipations* invincibles qui viennent, de toutes parts, réclamer en si grand nombre le secours de nos bonnes fontaines. Plusieurs ont pu être mises en traitement dès le premier jour de l'installation de nos appareils. Parmi les principales rappelons tout d'abord celle d'un compatriote :

Treizième Observation. — M. B....., riche propriétaire du C....., âgé de 51 ans, bilioso-nerveux, de très forte constitution, grand chasseur et surtout très habile pêcheur, il n'a jamais eu d'autres maladies antérieures que quelques dartres farineuses légères à la face, dans sa jeunesse, et quelques douleurs rhumatoïdes vagues insignifiantes ; mais, il y a aujourd'hui près de trois ans, il contracta, à la suite d'une pleurésie grave et rechutée, une fièvre cérébrale typhique intense. Elle fut promptement suivie elle-même d'une explosion de douleurs entéralgiques fortes, puis d'une constipation et d'une rétention d'urines on ne peut plus tenaces et violentes.

Les plus sages et les plus savantes médications allopathiques furent employées d'abord avec succès, et puis, après une nouvelle rechute, si complètement en vain que le malade, après s'être adressé à toutes les sommités médicales de l'Ardèche, de la Drôme et de la Haute-Loire, se résolut à garder stoïquement son mal. Il se contentait d'en tromper la violence avec des sondes et des fomentations émillientes. Assez souvent celles-ci charmèrent momentanément ses douleurs.... quelque fois aussi les eaux de Vals ou du Bois lental; mais ces dernières ne purent jamais rien contre cette contraction spasmodique du sphyncter de l'anus, car il succédait à l'atonie paralytique de la masse intestinale toute entière. De véritables douleurs rhumatismales ne tardérent pas à s'y joindre. Elles accrurent encore ses souffrances, ses frissons généraux, son froid aux pieds continu, ses coliques, ses maux de reins et surtout de Vessie, déjà péniblement excitée par le passage des sondes et toute ses imprudences de chasse et de pèche. Aussi les forces du pauvre malade s'abattirent-elles rapidement, tandis qu'une Dyspepsie de plus en plus intense et une atrophie hépatique de plus en plus marquée, vinrent compliquer cet ensemble nosologique déjà si grave. Lorsqu'il arriva pour la deuxième année à Vals, le 27 juillet dernier, plus rien n'était digéré par son estomac allangui. Son teint, autrefois si frais, était jaune paille, sa figure terreuse, hippocratique, et sa maigreur extrème. Son ventre se ballonnait, durcissait et devenait d'autant plus douloureux que l'hypochondre droit s'affaissait et se déprimait davantage. Ses urines étaient de plus en plus rouges, rares et épaisses, son pouls petit, lent et amolli, et son courage complètement perdu.

Les eaux de la Marie, de la Sophie, puis de l'Impératrice et des Vivaraises *faibles*, rendues un peu plus diffusibles et toniques par l'addition de quelques gouttes de notre précieux Arnica des R. Pères de Notre-Dame-des-Neiges; les bains minéraux, les douches, voire même celles ascendantes, dont le spasme Anal rendit l'usage inutile, ne purent que calmer momentanément et un peu ses plus fortes souffrances. Mais ce ne fut qu'une amélioration passagère et tout à fait insuffisante jusqu'au moment où arrivèrent nos appareils électriques. Alors la scène changea rapidement. Le traitement commença, le 21 juillet, par des frictions électriques simultanées sur le Colon transverse et les reins, de grands courants obtenus avec l'or promené, ensuite, en brosse électrique, sur toute la colonne vertébrale, du cervelet au Sacrum. La Marie et l'eau d'or électrisées, puis le fer en frictions, aux jambes et aux pieds, terminèrent chaque bain. En raison de la violence de ses douleurs nous les donnâmes deux fois par jour...

Le 24 juillet, la Constipation était déjà vaincue ! Le malade allait à selle naturellement, sans coliques et largement... Il prenait plaisir à mesurer son abdomen dont il trouvait la circonférence diminuée, disait-il, de plus de 30 centimètres.

Le 27, l'état général lui même n'était plus

reconnaissable:l'appétit et les forces revenaient en même temps que le teint jaune disparaissait et qu'un sommeil, de plus en plus réparateur, ramenait les bonnes nuits d'autrefois. Un seul point douloureux restait encore dans le milieu du ventre et le côté gauche, quand il était prêt à pousser une selle. Il éprouvait alors comme la sensation d'un corps lourd qui tomberait subitement, de tout son poids, dans le gros intestin... C'étaient les derniers retranchements de la paralysie intestinale vaincue... Les malaises généraux qu'elle entraîna ne furent que momentanés ; car, sous l'influence des eaux minérales électrisées, quoique prises, surtout alors, par très petites quantités à la fois, ils s'effacèrent graduellement et les digestions s'accélérèrent si bien qu'un repas de plus, le matin, dut être ajouté à son régime habituel.... aussi ses forces s'accrurent-elles rapidement et put-il faire sans fatigue de très longues et très heureuses promenades d'essai.

Un jour pourtant, il a été véritablement plus malade : sa gaîté des jours précédents s'était évanouie ; sa figure allongée, sa démarche attristée et son attitude assombrie nous firent peine à voir. Elles décélaient une nouvelle explosion de souffrances... Au retour d'une excursion à Neyrac, où nous espérions qu'un bain pourrait dissiper ces premiers nuages, il prit un peu froid peut-être, mais la véritable cause était antérieure : Depuis deux ou trois jours, plein de joie de la marche rapide de sa convalescence, il avait cru pouvoir dépasser impunément nos ordres et, à l'exemple de beaucoup trop des malades qui viennent recourir à nos eaux, sous l'influence des grandes chaleurs du moment, il avait trop largement absorbé de celles qui lui étaient permises et qu'il buvait avec tant de plaisir... il lui arriva, comme à bien d'autres, d'abord une courbature générale et des coliques, puis une véritable indigestion qui nous obligea de recourir encore à l'Arnica et à l'Antimoine. Donné en frictions électriques sur l'estomac, et en boisson avec la Marie, ce dernier répara bien vite ce désordre et cette imprudence, hélas! toujours trop fréquente parmi nous...

Enregistrons, à ce propos, le bien immense que fera, même à ce point de vue, l'introduction de l'Electricité dans notre belle et jeune station minérale. Grâce à l'accroissement d'action que toutes nos sources acquièrent sous son influence, nos clients seront promptement éclairés sur leur véritable manière d'agir. Enfin convaincus que ce n'est pas en se purgeant avec elles et par elles, c'est-à-dire en se noyant dans l'eau minérale qu'ils en obtiendront les meilleurs et les plus prompts résultats, ils sauront, par leur propre expérience, que nos eaux ne sont pas et ne doivent jamais être purgatives, et que, pour en ressentir toujours les plus salutaires effets, il faut non seulement savoir les choisir, mais encore n'en prendre que des doses toujours rationnelles, bien mesurées et seules réclamées par leur état particulier.

Depuis lors beaucoup d'autres constipations, tant fonctionnelles que symptômatiques, ont été guéries par le traitement électro-minéral, notamment :

QUATORZIÈME OBSERVATION. — Mme B..... de B....., jeune et bien intéressante veuve de 34 ans, lymphatique et nerveuse au plus haut point. Elle est d'une très bonne constitution, mais grandement affaiblie, d'abord par la Psore, puis par une menstruation excessive. Plus tard, une fois mariée il y a 14 ans, une leucorrhée virulente grave, une dyspepsie, une constipation et une insomnie cruelles, à notre avis tout aussi virulentes, ne l'ont plus quittée, malgré les tonneaux de quinquina, de pepsine, de fer, d'ergotine, de rue et de vin de Bugeaud dont elle a été saturée.

Seules, les eaux d'Euzet lui ont toujours fait un peu de bien, mais, ne s'adressant qu'à l'un des éléments qui constituaient cet état morbide, elle allait s'affaiblissant de plus en plus sous cette quadruple manifestation de la maladie générale qui la terrassait. A son arrivée à Vals, au 1er août, elle en était réduite à redouter tellement toute nourriture et, même, la plus courte promenade, qu'elle ne prenait guères plus, depuis un an, que le vin médicamenteux qu'on lui administrait, et que, non-seulement elle n'avait plus quitté sa chambre, mais encore elle avait dû calfeutrer jusqu'au trou de la serrure, tant elle craignait l'impression désagréable du peu d'air qui aurait pu y passer. Une sueur profuse l'inondait toute entière, plus encore le jour que la nuit, et même en hiver; elle ne toussait pas et n'avait jamais souffert de sa poitrine, qui était bonne et sans aucuns râles ou bruits anormaux. Par contre, elle se plaignait souvent de son ventre qui, chaque soir, était gros, dur et ballonné. Des borborigmes et des éructations très fréquentes la tourmentaient, surtout pendant ses règles. Celles-ci étaient toujours très-abondantes et duraient six à huit jours; après elles, revenaient les pertes blanches qui ne l'avaient plus quittée depuis son mariage. Enfin elle subissait, même au mois d'août, un froid aux pieds que rien n'avait jamais pu vaincre.

Ici le rôle de l'or et de tous ses dérivés était trop nettement indiqué pour que ce roi des métaux, dépurateur et tonique par excellence, ne fut pas largement et presque exclusivement employé, en frictions, en courants, en étincelles et en boisson, en même temps que le fer brossait activement les membres inférieurs et ramenait, très-rapidement, la chaleur et la vie dans cette ci-devant superbe organisation, mais qu'une métro-péritonite chronique consécutive, vers laquelle elle marchait à grands pas, ne pouvait que précipiter encore vers un fatal dénoûment. Dix jours de cette médication électro-minérale ont suffi pour lui rendre son appétit, son sommeil, ses selles et ses forces en quantité déjà suffisante pour qu'elle put faire sans efforts ni fatigues, de longues promenades quotidiennes. Et c'est en remplissant d'étonnement et de joie tous ceux qui l'avaient vu arriver qu'elle a quitté notre station.

Quinzième Observation. — M. M..... E..... entrepreneur de travaux publics à Alais, (Gard). Agé de 38 ans, bilioso-sanguin et de très forte constitution, il est atteint de paralysie intestinale consécutive à une dyssenterie grave, depuis la campagne du Mexique et accompagnée, dès le commencement de l'été, d'un rhumatisme lombaire très douloureux. Il a été radicalement guéri après son quatrième bain électrique.

SEIZIÈME OBSERVATION. — M. Cr... J..., imprimeur sur foulard, de Bourg-Argental, (Loire), âgé de 51 ans, bilioso-sanguin aussi, mais de constitution déjà ruinée par l'abus du travail et des plaisirs, avait une constipation de neuf ans de durée ; elle a disparu dès son troisième bain.

DIX-SEPTIÈME OBSERVATION. — Mlle D.... L.... de Payzac, cuisinière à Nimes, est âgée de 33 ans; bilioso-nerveuse et très impressionnable, elle est d'une très bonne constitution, mais beaucoup affaiblie par le cirage et l'entretien d'un immense appartement. Elle était, depuis neuf mois, atteinte de constipation nerveuse, accompagnée de dyspepsie flatulente, de vertiges stomacaux, d'atrophie du foie, d'hypochondrie, de froid glacial des membres inférieurs, de forte leucorrhée et de prurit vulvaire intense. L'or, le fer, la Marie, la Françoise et la Délicieuse 3me, toutes électrisées, ont si bien amendé cet état si complexe que, dès le 10me bain, nous avons pu suspendre tout remède et l'envoyer se reposer dans ses belles montagnes. Cinq semaines plus tard, une seconde saison et quelques bains ont complété cette cure qui, depuis, s'est parfaitement maintenue.

DIX-HUITIÈME OBSERVATION. — M. An... M.... de St-Martin-de-Valgalgues, propriétaire, âgé de 35 ans, bilioso-nerveux, bien constitué mais constipé depuis un an, avec dyspepsie flatulente, atrophie marquée du foie et Névralgie Scapulo-humérale gauche. Il a été guéri au 4me bain par or et fer alternés avec Eaux jaunes de Neyrac, Délicieuse 3me et Sophie électrisées.

Dix-neuvième Observation. — M. Av..... de Langogne, riche propriétaire âgé de 49 ans, bilieux et fort, est atteint d'une constipation tellement opiniâtre qu'elle a résisté, pendant huit mois, à de fortes doses d'Elixir de Guillé répétées de quatre en quatre jours. Traité ici pour une *Dyspepsie flatulente goutteuse* depuis déjà quelques jours, il avait pris inutilement beaucoup de bains ordinaires et bien des litres de nos sources les plus fortes, lorsqu'on lui ordonna, en désespoir de cause, une douche ascendante. Mais la Coprostasie, méconnue dans sa cause, était accompagnée d'éréthisme et de spasmes de toute la région intestinale inférieure; il fallut des efforts surhumains, et de lui, et du doucheur, pour faire franchir le détroit à la Canule... Celle-çi, ensuite mal retenue, s'enfonça si profondément dans le gros intestin que, les sphyncters se refermant aussitôt, la firent disparaître dans le ventre de nouveau et plus fortement encore convulsé! Argent et valériane, dans un premier bain, en rendirent l'extraction assez facile et au 4me il fut guéri.

Résumant en quelques mots les autres cas de constipation opiniâtre observés dans la dernière saison de l'année, nous voyons:

Mme F..... T..... de Mayres, âgée de 58 ans, constipée depuis 28, avec leucorrhée âcre et prurit vulvaire violent, guérie au 8me bain; M. Kessler, de Sédan, artiste lyrique, âgé de 31 ans et constipé depuis 3; M. Ch... Aug... propriétaire du Pont-Saint-Esprit, âgé de 39 ans, constipé depuis 10 ; trois bains les ont guéri tous deux.

M. R..... du Vialas, fort et robuste fondeur de plomb argentifère, âgé de 35 ans, a été empoisonné déjà quatre fois par le plomb. Empoisonné et constipé à nouveau depuis dix-huit jours, au trois août dernier, il a vu toutes ses douleurs disparaître au second bain électrique et dès un troisième, pris à Neyrac, il s'en est allé enthousiasmé ; Mme Cl..... de Vénissieux, âgée de 23 ans, lymphatique nerveuse et de parfaite constitution, mais constipée dès sa naissance et que trois bains et les Délicieuses électrisées ont rétablie ; M. F..... de Salavas, propriétaire âgé de 45 ans, bilioso-nerveux atteint de constipation et de vomissements spasmodiques depuis 18 ans ; M..... J..... de Langogne, sabotier vigoureux, âgé de 41 ans et constipé depuis 4, et B..... meunier de la Ribeyre, âgé de 57 ans, et constipé depuis un an, qui ont tous été guéris après un, deux ou trois bains électriques, autant de ceux de Neyrac, et quelques demi verres d'eaux minérales électrisées (Délicieuses faibles).

Par la force des choses et des évènements, avons-nous dit, succédant au docteur Tourette, tout aussi aimé de sa clientèle locale que de celle des eaux, nous terminons cette énumération de lésions intestinales, par le récit de l'accident auquel nous venons de parer tout présentement.

VINGT-HUITIÈME OBSERVATION. — Le 27

septembre, à quatre heures du matin, nous étions appelé par notre habile et prudente accoucheuse d'Antraïgues pour visiter Mme E... jeune femme de 24 ans, lymphatique et d'assez bonne constitution. Ouvrière en soie dès son enfance elle avait, comme ses compagnes, l'habitude de passer tous ses moments de repos sur les pierres froides qui servaient de bancs, à l'entour de son usine, ce qui l'a souvent enrhumée, encatarrhée et a même amené, il y a deux ans, pendant quelques jours, une rétention d'urine assez douloureuse et une *constipation* qui ne l'a plus quittée depuis lors. Mariée il y a cinq mois, elle se croit enceinte depuis trois. Le 27 septembre, elle glissa dans ses mauvais chemins de montagne et tomba sur le siège. Elle en souffrit beaucoup et trois jours après, une cystite aigüe et une chute de matrice, entrainant avec elle la vessie, en furent la suite. De là constipation plus grande, fièvre intense et rétention d'urine encore plus douloureuse, pour le traitement desquelles nous étions mandé. Après avoir pratiqué le Cathétérisme, qui n'amena qu'une quantité énorme de liquide purulent, remis toutes choses en place, prescrit des bains de siége, des lotions, des lavements émollients, le repos au lit et une potion arniquée alternée avec une autre d'Aconit, nous nous retirâmes comptant bien que la malade serait promptement débarrassée de toutes ses souffrances. Mais on ne sut lui donner ni bains, ni lavements, ni injections; on ne put même la garder au lit d'où la chassait le besoin continuel d'uriner. Le lendemain, le mari, mieux avisé, nous l'amena, malgré les 20 kilomètres qu'elle dut faire pour cela, étant à genoux sur une voiture de campagne et en proie à des souffrances indicibles. Nous nous hâtames de réduire les organes prolabés, pour pouvoir la sonder plus facilement et la débarrasser du litre, au moins, de muco-pus sanguinolent et épais, qui remplissait de nouveau la vessie. Une injection émolliente et, sitôt après, un bain électrique avec étain, valériane et argent, en grands courants de la tête aux pieds, apaisèrent si bien sa fièvre qu'elle put reposer un peu dès cette même nuit, et le jour suivant, 30 septembre, après avoir injecté comme la veille, de l'eau de mauves tiède, pour nettoyer la vessie de son urine encore purulente, deux autres bains, corroborant l'action bienfaisante de l'eau d'argent avalée d'heure en heure sur l'isoloir, en alternant avec celle de Cantharis, produisirent un calme tel, et un retrait si prompt de tous les symptômes inflammatoires que, dès lors, le succès était complet. Nous n'avons plus eu, le 1er octobre, en la renvoyant chez elle, qu'à lui donner un dernier bain de précaution et à lui conseiller les moyens usuels pour empêcher le retour de tout nouvel encombre.

Seconde Classe : Névralgies.

Mais la série de maladies qui afflue le plus à Vals, et qui s'est présentée le plus souvent à notre observation est, sans contredit, celle des Névralgies de tous genres, de toutes espèces et de toutes variétés. Cela devait être puisque la

Névralgie n'est qu'une accumulation anormale d'électricité sur un point, superficiel ou profond, du système nerveux.

Article premier : Névralgie de la tête.

VINGT-NEUVIÈME OBSERVATION. — Notons particulièrement, parmi celles dont le siège est à la tête, quatre Névralgies faciales et hémicraniennes dont la première en date et la plus douloureuse, avait duré seize ans chez Mlle R... G... d'Alais, âgée actuellement de 35 ans. Bilioso-nerveuse et, d'assez bonne constitution, elle a été promptement affaiblie, d'abord par la psore, puis par une fièvre muqueuse violente, ensuite par la scarlatine, suivie d'une chloro-anémie longtemps insurmontable et, enfin, par une menstruation insuffisante et laborieuse. Elle avait été guérie une première fois par un traitement homéopathique pur sérieusement obéi, et ces douleurs n'étaient plus revenues depuis dix-huit mois lorsque, demeurant à Vals, le changement de climat, de nourriture et d'habitudes les lui ramenèrent avec toute leur violence primitive. Il y avait déjà huit jours qu'elle recommençait à souffrir régulièrement chaque jour, à la même heure, dès son lever, quand M. le professeur Beckensteiner voulut bien se charger de la guérir à son tour, ce qui arriva dès le second bain. Les frictions électriques dorsales, les grands courants d'or et d'argent et puis ceux de fer, pour les membres inférieurs, en furent les seuls éléments. Trois autres cas, à peu près semblables et sur de jeunes femmes toutes aussi chloro anémiques, furent traités par nous de la même manière et guéris dès les 3me ou 4me bains.

Chez toutes la cure a été définitive. Un cinquième, bien plus grave et dont la guérison est encore toute récente, nous servira à la fois de type de maladie et de traitement.

TRENTE-TROISIÈME OBSERVATION. — Mme R..... H...., d'Alais, âgée de 38 ans, est lymphatique nerveuse, mais de très-bonne constitution. Elle n'a eu d'autre maladie antérieure que la rougeole et quelques symptômes de chloro-anémie, lors de sa première menstruation qui eut lieu à seize ans. Mariée à dix-huit, elle est devenue mère à dix-neuf. Sa grossesse et ses couches furent parfaites, et son allaitement sans aucunes fatigues. Femme de cœur, d'ordre, de travail et de beaucoup d'énergie, quoique très-sensible, elle était florissante de santé, lorsque arriva, le 13 décembre 1870, la catastrophe de Chapeauroux. Son mari, chauffeur de la locomotive du train de blessés qui fut tamponné, dut être arraché tout contus et brisé, de dessous la charge entière de charbon de son tender, broyé par la machine. Rapporté chez lui à demi-mort, il ne dut la vie qu'au zèle et au dévouement du savant médecin de la compagnie. Mais il resta longtemps meurtri, souffrant et affaibli, ce qui lui attira bien des fois la colère de ses chefs et même des menaces d'expulsion, dont le contre-coup fut terrible pour la pauvre femme. Sans cesse exposée à voir le seul gagne pain de la famille, chassé, sans le moindre secours, de la Compagnie qu'il servait pourtant de tout son courage, malgré les vives douleurs sciatiques dont il souffrait toujours, et qui lui enlevaient souvent tout sommeil, elle a passé dans les angoisses et les larmes ces sept dernières années, rendues encore plus cruelles par un travail souvent au-dessus de ses forces. De là, un amaigrissement extrême, un éréthisme nerveux immense et des souffrances névralgiques incessantes, qu'accrurent en outre une seconde grossesse, très-pénible et des suites de couche terribles. Un engorgement utérin très-longtemps aigu, purulent et jusques ici invincible, en fut la triste conséquence, souvent même aggravée par d'abondantes hémorrhagies intestinales. L'anémie devint alors extrême et se compliqua, dès le mois de juin, à la suite d'une dernière tentative de travail de filature, d'une tuméfaction considérable du ventre. Ses pertes, ses souffrances utérines et la tuméfaction de l'ovaire gauche s'en accrurent de plus en plus ; elle dut renoncer définitivement à toute espèce de travail. Le ventre fut alors couvert de vésicatoires qui la tourmentèrent beaucoup, mais amenèrent une abondante sécrétion séreuse, une diminution progressive de l'épanchement ovarique et un grand soulagement, bien que ses urines soient restées longtemps encore épaisses, rares et brûlantes. Elle commençait pourtant à prendre un peu de repos, lorsque, il y a deux mois, pleurant toujours sur la situation précaire faite si injustement à son mari, elle s'est vue assaillie par une névralgie faciale atroce. Occupant tout le côté droit de la tête et très-nettement intermittente, elle revenait tous les jours vers dix heures du matin, avec des douleurs pulsatives et lancinantes qui allaient en croissant jusqu'à deux heures de l'après-midi. A ce moment, elles commençaient à diminuer, mais à mesure qu'elles s'affaiblissaient, le ventre redevenait de plus en plus douloureux et tuméfié. A la chute du jour, toutes ses souffrances avaient repris une grande acuité : elle ne pouvait plus faire un seul pas sans ressentir tout à coup, dans le bas-ventre, comme un éclair de feu qui s'élançait vers sa poitrine. Il la forçait à chercher aussitôt, dans son lit de tortures, un peu de repos, mais, hélas! il était souvent impuissant à venir avant l'aube naissante.

Dès notre retour de la ville d'eaux, cette jeune femme, si méritante, nous fut amenée par son infortuné mari, dont nous connaissons depuis longtemps la vaillance et l'honnêteté ; aussi nous empressâmes-nous, malgré la gêne cruelle de leur pauvre ménage, de la faire participer aux bienfaits de notre traitement électro-minéral. L'argent, la valériane, le platine et puis l'or, l'iode et le fer, conjointement employés avec nos Délicieuses 1re et Tourrette, l'ont promptement débarrassée de toutes ses douleurs. Aucune n'existait plus dès le dixième bain fluidique. Aujourd'hui, la leucorrhée et l'hydropisie elle-même sont vaincues, et cette santé si délabrée, est complètement rétablie.

Article deuxième : Névralgies du Tronc

A. ASTHMES.

Parmi les névralgies supérieures du tronc que nous avons eu à traiter, celles asthmatiques, existaient toutes, sauf une, sur des personnes âgées et depuis longtemps souffreteuses et encatarrhées. Elle ont toutes été promptement amendées, sinon entièrement guéries. La suivante, seule, était entée sur un homme vigoureux et fort.

TRENTE-QUATRIÈME OBSERVATION.— M. D..... de St-A...., superbe cuirassier, de constitution athlétique, bilioso-sanguin; il a largement abusé,au régiment, du tabac à fumer, et même de la carotte à chiquer. Sa maladie était plutôt un empoisonnement des nerfs pneumogastriques par la nicotine agissant à la fois sur tous les muscles pectoraux et les fibres musculaires des intestins. Ceux-ci enduraient depuis longtemps toutes les douleurs d'un miséréré chronique. Quatre bains avec l'argent et l'étain l'en ont débarrassé.

B. NÉVRALGIES INTERCOSTALES.

Les névralgies intercostales ont été plus nombreuses; elles appartenaient, pour la plupart,à des hommes jeunes et vigoureux qui, presque tous prêtres ou militaires, n'ont pas marchandé leur vie toute remplie d'abnégation, et de dévouement.... entr'autres M. l'abbé C.... curé de L..... qui en souffrait depuis dix ans;

M. le commandant S..... d'Antraïgues, âgé de 46 ans, qui n'avait jamais été malade de sa vie, lorsque, il y a 12 ans, il en a souffert, pour la première fois... depuis, ses fatigues et ses blessures de la guerre dernière aidant, il en a été assez tourmenté pour devoir recourir, il y a deux ans, à une injection sous-cutanée; M. V..., jeune gendarme des colonies, âgé de 33 ans, très fortement bâti, atteint depuis quatre ans; M. L..... Auguste, propriétaire à Mayres, âgé de 42 ans, et que des excès de travail et de nombreux refroidissements ont amené à en souffrir depuis 10 mois.... etc., etc., ont tous été guéris après huit, six, trois, deux, ou même un seul bain, comme M. L..... négociant à Avignon, âgé de 52 ans, bilioso-nerveux. Il se plaignait depuis quelques mois d'une névralgie de l'épaule gauche; venu dans notre cabinet pour accompagner un ami, M. Becken a pu la faire disparaître en moins de cinq minutes.

C. GASTRALGIES.

Les gastralgies, pures ou compliquées de gastrites ou de dyspepsies de tous genres, tant nerveuses que psoriques ou goutteuses, le plus souvent avec atrophie organique du foie et hypochondrie, composent le bagage médical le plus ordinaire de toutes les stations minérales. Elles ne présentent rien de saillant ni de bien neuf à étudier. Toutes révèlent à peu près la même physionomie et ont réclamé le plus souvent la même médication. L'or, l'antimoine, l'argent, le manganèse et le fer, quelquefois l'étain, le cuivre ou le plomb, alternés ou minéralisant, selon les cas spéciaux, les eaux de la station spécialement prescrites, le plus souvent les Délicieuses, la Tourrette et la Des Plantes, aujourd'hui et à si bon droit, les meilleures peut-être de Vals, tant par leur grande richesse en acide carbonique, fer, manganèse et magnésie, que par leur extrême légèreté, en ont fait toujours la base et ont promptement enrayé tous ces états morbides. Notons néanmoins certaines complications miasmatiques larvées ; elles ont appelé, avec raison, l'attention de nos confrères les plus éminents et les plus soucieux de la santé de leurs clients, surtout de ceux qu'ils nous ont fait l'honneur de nous envoyer et de nous recommander. Pour n'en citer qu'un exemple, que notre vénérable et si judicieux confrère d'Orléans, M. le docteur Doisneaux, veuille bien nous permettre de rappeler l'état de l'intéressante famille qu'il nous a fait le plaisir de nous confier.

Trente-cinquième Observation.— M. N....., âgé de 40 ans, bilioso-nerveux, de très-bonne constitution, homme d'affaires et de cabinet par excellence, a vieilli déjà sur les paperasses d'une Etude de notaire on ne peut plus sérieuse et difficile. Il y a ruiné d'autant plus vite sa superbe santé antérieure qu'il a dû, pour le bien de son cabinet, se cantonner, pendant dix ans, sur les confins des marécages pestilentiels de la Sologne. Aussi, dès la troisième année de cette résidence, M. N.....

commençait-il à voir ses fonctions digestives s'altérer notablement : L'appareil gastro-hépatique se troublait, devenait le siége de petites douleurs, de jour en jour mieux accusées, et une tuméfaction déjà sensible, quoique légère, de tous les organes sous-diaphragmatiques, frappés de plus en plus d'atonie, n'échappait point à l'œil exercé du savant docteur qu'il avait pour conseil et ami. Dès ce moment, les avis de prudence ne lui firent pas défaut. Malheureusement le tourbillon des affaires emportait cette nature franche et loyale au premier chef, mais froide, sérieuse, réfléchie et trop laborieuse, qui faisait de notre client un notaire émérite. Il prenait bien les conseils de son prudent ami, les suivait même très-bien, dans leurs prescriptions magistrales les plus capables de produire un excellent effet ; mais il refusait de consentir à s'éloigner un peu plus de ce voisinage pernicieux, bien qu'il étreignît ses organes les plus importants. Aussi, la gastro-entéralgie et l'engorgement du foie et de ses canaux biliaires, du pancréas et de ses appareils sécréteurs, de la rate elle-même et des deux reins, faisaient-ils, peu à peu et sourdement, des progrès, de plus en plus accentués, en dépit des fondants, des laxatifs, des amers et des toniques les mieux appropriés. Il y a deux ans, une fièvre intermittente, larvée d'abord, puis franchement accusée, apparaissait tous les deux jours. Dès lors, les malaises devinrent constants, les digestions habituellement troublées et les forces de plus en plus prostrées.

Après un voyage de quatre jours entiers, passés à la recherche de la station introuvable de Vals, *faute d'indicateur* connu ! — Ce fait lamentable, mais profondément vrai, qui ne sert que trop bien l'infériorité de certaines sources, et la transformation progressive de Vals-les-Bains en un immense Saint-Galmier, n'appelle-t-il pas, avec urgence, la reprise immédiate de l'œuvre si patriotique de notre incomparable prédécesseur ?... *Vals, ses eaux et ses bains,* journal médical plus indispensable que jamais, à la résurrection duquel nous convions tous les amis réels de notre jeune et, malgré tout, bientôt célèbre ville d'eaux parmi les plus célèbres. — Après pareil voyage, M. N. s'est présenté à nous brisé, anéanti par cette course au clocher, à travers la France centrale et nos montagnes cévénoles. Sa figure était grippée, affaissée, ses yeux ternes et sans vie, sa bouche sèche et pâteuse, ses lèvres pendantes, sa langue jaunie, son haleine mauvaise, son teint bistré et son allure généralement triste et toute allanguie. Son appétit n'existait plus, il ne mangeait et ne buvait qu'avec répugnance et dégoût ; son estomac, douloureux, appesanti et brûlant, était, comme ses intestins, rempli de gaz et de mucosités fétides. Souvent fatigué par des éructations et des borborigmes sans cesse renaissants, qui le ballonnaient, son ventre était encore plus tuméfié par le foie, le pancréas et la rate hypertrophiés, durcis, dépassant de beaucoup les fausses côtes et douloureux au toucher; son amaigrissement était extrême et ses nuits depuis longtemps sans sommeil, ou remplies de rêveries, d'un cauchemar on ne peut plus pénible.

Son pouls, petit, serré et par moments très-irrégulier, indiquait la présence de cet état fébrile larvé, depuis longtemps remarqué par notre honoré Confrère. M. le docteur Doisneaux nous l'envoyait « pour avoir recours au » traitement curatif par excellence, les eaux » minérales de Vals, station, ajoutait-il, trop » peu connue de nos contrées où règne la » *Monomanie vichynale*. Ma conviction est que » Vals possède tous les avantages de Vichy et, » en plus, certaines propriétés curatives d'une » valeur incontestablement supérieure.... » Nous sommes heureux de pouvoir compléter aujourd'hui cette phrase, en ajoutant que ses eaux ont, de plus, dans leur admirable minéralisation, une étonnante facilité d'assimilation du fluide électrique, chargé, de par nos puissants appareils, des effluves et molécules médicamenteuses, tour à tour métalliques ou végétales, spécialement réclamées par chaque état morbide spécial.

TRENTE-SIXIÈME OBSERVATION. — Mme N...., épouse du précédent, a 37 ans; elle est lymphatique, bilioso-nerveuse et de très-bonne constitution. Femme faite à 16 ans, très-bien et sans douleurs, ses époques reviennent tous les trente jours, mais de plus en plus insuffisamment, pendant un ou deux jours à peine. Mariée à 16 ans, elle s'est forcément trouvée dans les mêmes conditions climatériques. Favorisées encore par bien d'autres causes d'énervation, au temps de la guerre dernière, Madame s'est sentie insensiblement et de plus en plus profondément débilitée. A certaines époques menstruelles et pendant les saisons humides, elle est sujette à des accidents nerveux avec prostration complète et mouvement fébrile larvé bien accentué. Une sensation de plénitude douloureuse de l'hypochondre gauche apparaît alors d'une manière périodique.

Un embarras gastro-intestinal habituel et des douleurs névralgiques dans les lombes et les nerfs sciatiques, suivent et compliquent ordinairement ces désordres. « Les tempérants, » les toni-fébrifuges et les nervins diffusibles, » les ayant toujours amendés et plus d'une fois » prévenus, donc, écrit notre savant Confrère, » il y a urgence d'aller à Vals, d'y prendre les » eaux intùs et extrà et l'hydrothérapie » minérale dorsale et latérale. »

A tous les deux nous avons prescrit, en effet, les bains électriques minéraux alternés avec les douches hydrothérapiques froides et l'usage de nos sources, faibles d'abord, et puis modérément fortes.

A Monsieur N... ont été donnés en grands courants, l'or, la valériane et l'argent, ensuite l'étain et le fer en frictions et étincelles sous la plante des pieds, la Marie et la Délicieuse première, puis Françoise et Sophie, et enfin la Souveraine, la source Des Plantes et la *Saint-Louis* des bois, toujours électrisées. Dix bains et deux ou trois douches, malheureusement pas assez froides, ont suffi pour enlever, en 20 jours, toutes les douleurs gastralgiques, réveiller l'appétit, ramener le foie, le pancréas et la rate sous les fausses côtes, rétablir le teint clair, régulariser les fonctions abdominales et rappeler le sommeil et les forces. Dès le 12me jour de son traitement tout cela s'obtenait; et, si n'eût été la nourriture de son hôtel qui laissait, en ce moment, beaucoup trop à désirer, l'amélioration était déjà telle qu'il eût pu partir dans un état général tout à fait satisfaisant.

Pour Madame, l'or et le fer, en grands courants et en frictions l'ont débarrassée d'emblée de ses névralgies; puis, l'argent et l'antimoine arsénié, en courants, en même temps que la Marie et la Françoise, la Délicieuse, la Source du parc et enfin la Saint-Louis, ont amené le même succès pour l'état fébrile et les troubles menstruels. Six bains et autant de douches ont suffi. D'autre part, un seul bain et quelques bonbons de souffre et de Bryone, également électrisés, ont enlevé la toux nerveuse, suite interminable d'une rougeole grave, que gardait sa jeune et charmante fillette depuis plus d'un an.

Viennent maintenant deux ordres d'affections névralgiques bien plus rares, partant plus sérieuses à noter et bien autrement graves. De chacune nous pouvons fournir dès cette année un type bien accusé.

D. NÉVRALGIE DU FOIE OU HÉPATALGIE GOUTTEUSE.

La névralgie du foie ou hépatalgie a son siège

dans le Plexus hépatique. Elle est caractérisée par une douleur lancinante dans un hypochondre, le plus habituellement le droit. Souvent compliquée de névralgie dorso-intercostale ou même diaphragmatique, elle s'irradie dans le dos, quelquefois jusques dans les épaules, comme aussi tout autour de la ceinture et dans le ventre. Elle est assez vive pour arracher des cris au malade et le forcer à se tordre et à se rouler à terre. Ordinairement elle est accompagnée de vomissements aqueux ou muqueux, jamais bilieux, d'une sensation d'oppression très poignante et d'une anxiété des plus grandes. Etudiée depuis une trentaine d'années à peine, cette maladie a été l'objet de mémoires très sérieux dans les *Archives générales de médecine*, par le célèbre médecin de la Charité, M. Beau, qui constatait déjà en 1851 « la possibilité d'en »provoquer les plus terribles accès, en adminis- »trant un simple purgatif, le remède de Durande »surtout, ou même *certaines eaux de Vichy*. » et, par conséquent, bien souvent les nôtres, tant peut devenir extrême l'irritabilité du foie.

Trente-septième Observation. — Mme D.... jeune et forte femme de 35 ans à peine, lymphatique et nerveuse, est d'une superbe constitution, quoiqu'un peu psorique. Mariée à 16 ans et bientôt enceinte et puis jeune mère, elle habitait le Puy (Haute-Loire), et avait mis son enfant en nourrice, depuis déjà quelques mois, dans une des belles fermes forestières qui avoisinent la vieille cité féodale de Craponne. Un jour, en revenant de le visiter avec son mari, elle se perdit à travers bois et erra huit heures entières avant de retrouver son chemin. Elle fit d'énergiques efforts pour rentrer à pied au logis, mais, dans un saut de ruisseau, elle se sentit tout à coup frappée d'une vive douleur dans le côté droit de l'abdomen. Celui-ci la gèna tout d'abord assez fortement, pendant cette course forcée, mais ne devint réellement tuméfié, brûlant et constamment douloureux que huit jours plus tard. On crut à une rupture de l'ovaire qui fut couvert de sangsues et on lui prédit qu'elle n'aurait plus d'enfant..... si, bien entendu, elle ne faisait rien pour y parer. Quoi qu'il en soit et malgré cette stérilité, par cause accidentelle, que les années écoulées semblent confirmer, bien que, par les bains électriques elle soit facile à guérir, Madame eût été rétablie depuis longtemps si, en même temps qu'elle acquérait beaucoup d'embonpoint, ses règles ne se fussent appauvries et diminuées de plus en plus.

Il y a trois ans, arrivant dans une nouvelle résidence où elle voulait habiter une maison avec jardin, elle choisit un local humide et bas; il amena peu à peu de légères douleurs rhumatismales, chez elle, et la goutte articulaire bien prononcée chez son mari. Puis, survinrent, un soir, tout autour de la ceinture, mais surtout au côté droit du ventre, au niveau du foie, de vives souffrances constrictives, élançantes, par moments pulsatives, toujours sans fièvre et qu'exaspérait le moindre attouchement. Elles furent suivies d'un vomissement de sérosités assez abondantes ; celles-ci amenèrent une douleur plus accentuée vers l'estomac. Les médecins appelés crurent à une gastralgie avec engorgement organique et agirent en conséquence avec force frictions, onctions, embrocations, mouches, vésicatoires et enfin injections sous cutanées à la morphine, répétées jusqu'à quinze fois, tant elle souffrait avec violence et pendant de longues heures, parfois même de longs jours. Des crises semblables sont revenues tous les quatre ou cinq mois, et toujours on les a traitées de même, sans avoir jamais eu l'idée de regarder aux urines.

Malencontreusement venue ici, alors que la nature de son mal, les douleurs rhumatismales concommittentes et la psore, dont elle avait subi des atteintes pendant son enfance, indiquaient si bien Neyrac, dès qu'elle a eu goûté des eaux de la Dominique elle a été saisie, dans la nuit suivante, par une crise tellement violente que l'hôtel entier, dans lequel elle était logée, fut sur pied. Pour des motifs qui ne nous regardent point, on voulut alors recourir, après réflexions, à un autre médecin que celui qui lui avait été présenté, la veille, par l'hôtelier et l'avait envoyée d'emblée à la source la plus terrible de la station. Ce fut à ce titre que nous arrivâmes auprès de cette dame, à minuit précis, et que nous fûmes témoin de ces douleurs. On nous demanda aussitôt de les soulager encore par des injections morphinées. Après un sérieux examen de ce genre étrange de souffrances, nous déclarâmes que l'électricité statique, seule, pouvait calmer cet accès et enrayer cette manifestation goutteuse, quelqu'extraordinaire et complexe qu'elle nous parut. On nous crut, et l'on porta, plutôt qu'on amena, la malade sur l'isoloir. Or et platine, puis argent et valériane, furent employés en courants, concurremment avec l'or potable, en boisson, et le fer en friction sur les pieds. Vingt minutes après, elle rentrait chez elle calme et tranquille. Fut-elle guérie pour cela ? hélas ! pas encore, car la bonne Dame avait affaire, lui dit-on bêtement, à rude partie. Néanmoins, cette résurrection avait fait du bruit dans son hôtel et dans la ville d'eaux. Beaucoup d'explications assez drôles, parait-il, furent échangées entre gens qui n'avaient même jamais vu nos appareils Beckensteiner et ne se doutaient guères de ce que pouvait faire « *notre espèce de pile.* » Comme on n'avait pas jugé à propos, malgré nos premières démarches, toutes restées infructueuses, de venir nous en demander à nous même, nous nous contentâmes de les attendre. Chacun de notre côté nous étions trop occupés sans doute; et personne ne vint. Mais M. D....., employé supérieur et principal des constructions de nos grandes voies ferrées, mari de notre cliente, ainsi improvisée par la force du bien obtenu en pleine rage du mal, eût beau déclarer hautement qu'il ne voulait pas d'autre docteur que celui qui venait de lui rendre sa femme; comme il fut obligé obligé de s'absenter pour ses affaires pendant quelques jours, l'hôtelier, toujours âpre à la piste des prétendus meilleurs pourvoyeurs de son hôtel, ce qui lui a si mal réussi, en profita pour revenir à la rescousse auprès de

Madame, et présenter à nouveau les services de qui, certainement, ne l'en avait pas chargé. Indécise alors, malgré le mieux acquis, Madame crut ne pouvoir mieux faire que de suivre en partie son premier traitement, tout en obéissant aussi un peu au nôtre. Nous ne tardâmes pas à nous en apercevoir, et nous suspendîmes nos visites jusques au retour du mari, nos opinions médicales, non courtoisement examinées et pesées ensemble, étant trop disparates, en apparence, tout au moins, pour que rien de bon, dans cette manière de faire, pût en résulter pour la malade.

Elle continua donc à boire et à se baigner selon les us et coutumes qui lui avaient, de prime abord, si peu réussi..... Qui sème le vent ne peut recueillir que la tempête, a dit le Sage. Mme D..... l'éprouva bien vite, car ses crises, autrefois si rares, se réitérèrent promptement et lorsque, au retour de M. D...., Madame revint franchement à nous, la situation était déjà plus grave, les urines bien plus sableuses. Ce ne fut qu'à grand peine que nous pûmes parer en partie aux effets de nos sources, « qui ne sont »bonnes pour certaines maladies, qu'à la condi»tion d'être nuisibles à certaines autres tout à »fait opposées aux premières. » Néanmoins nous sommes convaincu qu'à une saison prochaine, Mme D...., mieux inspirée, devra pouvoir se rendre maitresse d'une affection que l'or, le platine et le fer ont toujours bien amendée et qui est loin, bien loin d'être incurable, tant pour la manifestation goutteuse que pour la stérilité, alors même que son état réclame beaucoup de ménagements, de prudence et d'obéissance passive... Nous en disons tout autant pour les douleurs arthritiques franchement goutteuses, mais non encore invérées, de M. D..... qui s'en retourna aussi bien soulagé.

E. NÉVRALGIES INTESTINALES — MISÉRÉRÉ.

TRENTE-NEUVIÈME OBSERVATION. — M. L..... Laurent, employé à l'usine à gaz de Nimes, a 33 ans, il est bilioso-nerveux, de forte constitution, a eu la fièvre typhoïde dans son enfance et puis, à 20 ans, une obésité telle qu'il en fut exempté de tout service militaire. Il l'a perdue à 25 ans, à la suite de souffrances violentes d'entrailles qui accompagnèrent une indigestion subite et horriblement douloureuse, surtout de l'estomac à l'ombilic, au milieu de sueurs profuses glaciales et de crampes terribles. Celles-ci ne cessèrent que lorsque, après de longues heures, un vomissement abondant vînt le débarrasser de tout ce qui avait provoqué l'indigestion. Mais ce vomissement le brisa, l'anéantit et le laissa au lit pendant vingt jours, sans force et sans courage. Depuis lors, bien des indigestions semblables sont revenues, et toujours avec la même gravité. De cette fois, il y avait dix-huit mois qu'il n'en avait pas eu, quand, le 4 août dernier, étant ici depuis trois jours, et muni d'un appétit qu'on ne retrouve qu'à Vals, il a voulu en profiter pour manger des pommes de terre en salade, ce qu'il aime beaucoup, mais lui a toujours fait mal. Malgré l'action salutaire de nos eaux, l'indigestion ne tarda pas à venir. Le lendemain matin, après une nuit affreuse, il sentait le mal gronder violemment dans son ventre. Déjà mouillé de sueur glaciale de la tête aux pieds, la figure terreuse, cadavérique, il avait des haut-le-cœur continuels. Un spasme convulsif agitait la mâchoire inférieure et rendait sa parole difficile, presque inintelligible. Il se souvint alors de tout le bien que nous lui avions déjà fait à Nimes ; il vint à nous vivement et nous supplia de ne pas l'abandonner dans sa torture, ou, de lui prescrire, tout au moins, quelque chose qui pût lui permettre de rentrer promptement chez lui.

Pour ne pas dire *Volvulus Iléus,* nous appelons cette maladie le *Miséréré,* ou passion iliaque de Sydenham, affection qu'il place dans les névralgies spasmodiques « les plus effroyables. » Bref, sitôt assis sur l'isoloir, nous lui pratiquâmes quelques frictions épigastriques et dorsales simultanées ; puis, nous fîmes passer un léger courant d'antimoine, de l'estomac au nombril, et nous le mîmes sous l'influence des grands courants d'argent. Après quelques gorgées d'eau électrisée avec une tige d'argent natif, son bain se termina par de grandes frictions sur les membres inférieurs, déjà glacés, le fer nous fournissant, en outre, quelques étincelles sous la plante des pieds encore plus gelée que le reste.

En quatre minutes, nous avons si bien rendu ce malade à la vie, qu'avant même de descendre de l'isoloir, l'enfant qui l'accompa-

gnait, le voyant transfiguré, se jeta dans ses bras; tous deux répandirent d'abondantes larmes de reconnaissance et de joie, tant le père s'était vu près de mourir ici, disait-il, loin du secours de sa chère femme, sa seule bonne gardienne lorsque pareille indigestion lui arrivait. Déjà, le matin même, avant de venir chez nous, il l'avait mandée par dépêche auprès de lui, car il se croyait sûrement perdu, loin d'elle et dans un pays où il n'espérait trouver aucun des remèdes qu'il avait vu, depuis plus de vingt ans, dans sa famille, faire tant de bien à lui et à tous les siens.

Il était guéri, si bien guéri que sa femme, arrivée quelques heures plus tard, toute émerveillée d'un succès aussi prompt qu'inattendu, voulut transformer en partie de plaisir, ce voyage qu'elle avait entrepris avec le désespoir dans l'âme.

Sautons, à pieds joints, pour cette année, sur trois autres cas de *miséréres,* moins violents et tout aussi lestement guéris; sur les nombreuses et magnifiques cures de Névralgies lombaires et des membres inférieurs, de Sciatiques, de Rhumatismes, de Goîtres et Tumeurs ganglionnaires indurées, déjà ramollis et en voie de retrait; de Syphilides anciennes, auparavant si rebelles, d'affections de la peau si invétérées, d'Anémies et Chloro-anémies si réfractaires, d'Aphonies et de paralysies partielles et progressives, d'Aménorrhées, Métrorrhagies, Leucorrhées et Diarrhées chroniques; d'inflammations des yeux si graves, tant récentes que sub-aigües et chroniques; de Bronchites et Pleurésies anciennes, si redoutables, de Phthisies déjà confirmées, et de Fièvres typhoïdes et muqueuses, traitées et guéries, dans la vieille ville de Vals, par les seules eaux d'or et d'antimoine, de Bryone et de Belladone électrisées.

Mais nous ne terminerons pas ce compte-rendu de notre première saison thermo-électrique de Vals, sans rapporter l'histoire intéressante du retour à la curabilité, à l'aide du rappel, électriquement obtenu, de la période d'acuité première, dans un cas où deux énormes jambes Eléphantiasiques, déjà vieilles de sept ans et depuis longtemps abandonnées aux seules forces de la nature, étaient venu réclamer, toujours en vain, depuis six ans, un peu de soulagement, aux eaux minérales de Vals. Pleinement autorisé par notre client à publier in-extenso toute son observation, nous la donnons dans son entier.

Troisième Classe : Maladies de la peau.— Eléphantiasis

QUARANTIÈME OBSERVATION. — Cartier Joseph, forgeron aux grandes usines de Bessèges, est de Payzac, Ardèche. Il a 58 ans, est bilieux et d'une bonne constitution. A 19 ans il a eu la Gale qu'il traita par des frictions générales à l'urine fermentée ; elle fut même prise à l'intérieur. A 23 ans, il essuya une fluxion de poitrine terrible que traita notre très honoré confrère, M. le docteur d'Alméras de Brès. Un an plus tard, sans autre cause connue qu'un excès de travail et de fatigues, il était pris, à Bessèges, d'un dégoût invincible pour toute espèce de nourriture ; il se mit au lit et y resta 45 jours, après lesquels arrivèrent, deux ou trois fois par jour, et pendant 13 jours pleins, des vomissements d'un sang noir et fétide tellement abondants qu'il en évalue la somme totale à au moins 40 litres, malgré qu'il ne toussa plus depuis longtemps et que son estomac et son ventre n'eussent jamais été ni douloureux, ni enflés. Pendant tout ce temps il a été en proie à un délire furieux ; puis, peu à peu les forces revinrent et il a été très bien durant les 27 années suivantes. Elles furent pour lui des années de labeur, de privations et de peines de tous genres. Sans fortune, mais très sobre, il a pu, par son travail, suffire tant bien que mal, à tous ses besoins et à ceux de sa famille, à l'aide d'une nourriture grossière, composée surtout de pommes de terre, de pain noir et de viande de porc salée. Une fausse manœuvre fit tomber sur le gros orteil de son pied gauche, le 25 juillet 1870, un enclume du poids de 150 kilos. Le pied fut écrasé, il enfla énormément, et on le couvrit à plusieurs reprises de sangsues. A leur suite, la peau de toute cette région se ternit, se tuméfia encore davantage, rougit, puis bleuit, d'abord par plaques circulaires mamelonnées, de la grandeur d'une pièce de 50 centimes. Peu à peu elles s'obscurcirent de plus en plus, en même temps qu'elles s'agrandissaient, se joignaient, devenaient pruriteuses, brûlantes et frappaient tout le membre, énormément tuméflé et enraidi, d'un érysipèle squammeux au milieu duquel apparut, trente jours après son accident, vers le tiers inférieur et antérieur de la jambe, une petite ulcération blafarde, bourgeonnée, tuberculeuse, sanieuse et d'une odeur infecte. Elle acquit bien vite la grandeur d'une pièce de cinq francs et s'entoura de larges exfoliations épithéliales sans cesse renaissantes; elle arriva enfin à mesurer, en tous sens, 20 centimètres de diamètre. Jamais, cette plaie ne fut variqueuse, bien que sa coloration devint de plus en plus sombre, violacée et noirâtre. Dès son apparition, et en même temps qu'elle arrivait à être si promptement sanieuse, elle était frappée de cette fétidité spéciale qui ne se retrouve que dans les rares cas survivants, toujours trop nombreux, des lèpres infectes des siècles passés.... affreuses affections dont nous avons pu suivre les traces pas à pas, il y a quelques années, avec notre si regrettable ami, Louis Saurel, de la chirurgie de marine, parmi les familles de pêcheurs encore réfugiées, en haine des *maladreries* réglementaires d'alors, dans les rochers les plus inaccessibles de nos côtes méditerranéennes... Leur souvenir nous glace encore de terreur dans un pays où les léproseries étaient en, effet, si nombreuses!... Cette ulcération était le siége d'une douleur excessivement aigüe. Véritable flamme ardente, nous raconte le pauvre Cartier, elle s'élançait comme un éclair de feu du milieu de la plaie, en même temps qu'un filet rouge, de la largeur d'un vaisseau lymphatique enflammé, apparaissait sur son bord supérieur et remontait jusqu'au genou. Celui-ci ne tarda pas à se tuméfier, à son tour, dans sa partie postérieure qui rougit aussi et fut en proie à la même douleur brûlante. Bientôt elle s'élança dans la cuisse, toujours en compagnie du ruban de feu qui était venu s'élargir et s'étendre dans le réseau ganglionnaire lymphatique du genou. Trois semaines plus tard, la tuméfaction tuberculeuse de ce membre inférieur occupait toute la cuisse, et le chapelet des ganglions si nombreux du pli de l'aîne gauche. De là à ceux de l'aîne droite, il n'y avait qu'un pas; un éclair de feu plus violent que les autres le franchit, en embrasant également tout l'appareil génital. Dès ce moment, les vaisseaux lymphatiques de tout le membre inférieur droit furent envahis ; ils devinrent promptement la cause efficiente de l'extension du fléau diathésique à ce même membre, et les désordres organiques de ce dernier, y compris une ulcération similaire identique, égalèrent bientôt ceux du côté gauche. En même temps, s'accentuait de plus en plus aussi, un mouvement fébrile intermittent, à type quarte qui, tous les quatre jours, faisait frissonner légèrement le malade, de la tête aux pieds, pendant quelques heures, après l'avoir inondé de sueurs. Quelques semaines plus tard, toute la moitié inférieure du corps, effroyablement tuméfiée et noircie, était en tous points semblablement affectée; et deux larges plaies mamelonnées et sanieuses, à odeur infecte, occupaient les deux tiers inférieurs de chaque jambe, toujours sans aucune varice.

Enfin, suivait le cortège obligé de symptômes généraux bien remarquables. Ils étaient, pour l'observateur attentif, qu'un examen chirurgical minutieux n'eût point assez averti, des points de repère certains pour l'établissement du diagnostic de cette horrible affection, très-rare, il est vrai, sous notre climat actuel, mais que le voisinage de nos villes mortes ichtyophages montre encore trop fréquente.

En effet, alors que surgissaient les plaques tuberculeuses violacées qui se transformèrent si promptement en ulcères sanieux et fétides, et qu'arrivaient les douleurs brûlantes qui s'étendirent, peu à peu, à la totalité des deux membres inférieurs, se montrait aussi la diathèse lépreuse spécifique dont l'évolution des symptômes présidait à tous ces phénomènes. La chute des cheveux et des poils du malade, la sensation de torpeur qu'il éprouvait dans tous ses membres, sa tristesse insurmontable, la persistance de ses rêves effrayants ou lascifs, sa transpiration à odeur de bouc, son urine jumenteuse, sa respiration de plus en plus gênée et sa voix enrouée ne l'annonçaient que trop. Son marasme, son émaciation, si grande au début, et puis peu à peu remplacée par un embonpoint, on pourrait dire une tuméfaction générale difforme de tout le corps, qui, depuis quelque temps surtout, était devenue telle, que le malade avait littéralement doublé de poids et de volume; sa peau et son tissu cellulaire sous-cutané, hypertrophiés partout; sa face, de couleur lie de vin; la turgescence, de plus en plus apparente, de ses tubercules cutanés, au pourtour des paupières, des ailes du nez et des lèvres dont les vaisseaux capillaires restaient turgescents et enflés; ses gencives fongueuses ulcérées et saignantes, tout, en un mot, dans tout son être, n'en étaient-ils pas des symptômes bien accusés, jusqu'à ses yeux, au regard tantôt fixe et farouche et tantôt atone et sans vie, qui lui donnaient cet aspect étrange, sauvage, *léonin*, qui effraya, tout d'abord, les gens de notre maison, chassés bientôt par l'odeur infecte que son corps et ses plaies répandaient à son entour ?

Quoique eût à peu près disparu, depuis déjà cinq ans, toute douleur aigüe, il n'y avait donc pas à se tromper, nous étions bien en présence de la forme chronique, et devenue indolente, de cette Lèpre hideuse que la grosseur difforme des jambes a fait appeler *Eléphantine*, si commune dans l'Afrique centrale et dans certaines contrées brûlantes du nouveau monde. N'étions-nous même pas à la veille de voir survenir encore, par surcroît, cette seconde variété, plus particulièrement portée à la tête, et dans laquelle les tubercules occupent tout le corps, mais surtout la face, qu'ils font ressembler à celle d'un lion, la *Lêpre léonine* ?..... Cela nous faisait rêver de cette jeune princesse de l'Equateur qui parcourait en vain, naguère encore, nos stations minérales les plus réputées, avec la tête constamment couverte d'un voile immense qui la cachait soigneusement à tous les yeux..... Il nous serait si facile, maintenant, de la guérir, puisqu'elle ne serait plus la première !

Mais, quoi d'étonnant que toute médication simplement chirurgicale restât complétement impuissante, même et surtout aux eaux de Vals, qu'il avait fréquentées chaque année et qui, chaque année, le voyaient revenir de plus en plus impotent et affaissé ?

Pour nous, c'était bien différent. Notre arsenal était intact et, grâce à l'admirable méthode de nos Maîtres, nos armes étaient nombreuses et toutes fourbies de frais.

Evidemment, pour tout disciple d'Hippocrate et de la médecine traditionnelle, le problème à résoudre était celui-çi : ramener, d'une manière inoffensive, à la période aigüe, ces plaies déjà si chroniques et si vieilles; et puis, une fois ravivées, les éteindre, le plus promptement possible, dans ce même principe diathésique lépreux, jugulé et étranglé sur place par son remède spécifique.

Neuf jours de bains à l'eau courante, dans notre belle rivière d'Ardèche, et de bains électriques, avec de très fortes étincelles, tirées des excitateurs d'or et de fer, sur le pourtour des grandes plaies, en même temps que neuf jours de larges et fréquentes lotions et pansements avec l'eau de la Délicieuse 7me, la Valsine des Plantes et les boues de la source du Volcan, nous ont suffi pour résoudre heureusement et à peu près sans douleurs, la première partie de notre problème, et faire réapparaître la raie rouge, le ruban inflammatoire et les éclairs de feu, signes pathognomoniques certains de l'Elephantiasis aigü, et qui n'existaient à peu près plus depuis cinq ans.

Restait, ensuite, la seconde inconnue à dégager, détruire la diathèse mise à nu.

Mais, notre malade, forcément sans travail depuis sept ans, ne subsistait que grâce à la caisse de secours et au dévoûment de ses chefs d'usine. Il savait qu'ils avaient rempli, vis à vis de lui, bien au delà de tout ce à quoi ils s'étaient engagés, et il n'osait plus leur adresser de nouvelle demande de subsides. Il les connaissait bien mal, car nous n'eûmes qu'à leur exposer sa nouvelle situation pour recevoir généreusement, par retour du courrier, de quoi le défrayer du voyage à Neyrac que nous jugions nécessaire. Dès le lendemain, nous pouvions le faire admettre à la libre pratique de notre Etablissement thermal. Là, il était chez nous, sous notre direction spéciale et, grâce à la libéralité de notre excellent propriétaire, M. Reymondon, rien ne lui a manqué. Indépendamment de l'eau d'or, il a pu prendre, en seize jours, 22 bains de notre incomparable source Jaune, qui émerge du sol à 27 degrés de chaleur naturelle. Nous lui avons fait boire, en outre, selon son état, chaque jour étudié, de 6 à 8 verres ou demi-verres, par jour, de la source St-Lazare : elle lui servait aussi pour faire, toutes les deux heures, des lotions abondantes sur ses deux jambes qui étaient ensuite pansées avec nos boues minérales si bienfaisantes.

Au 21 août, toutes ses ressources pécuniaires étaient épuisées par le paiement de son alimentation et de son logement, malgré la plus stricte économie ; force lui fut donc de nous quitter un peu plus tôt que nous l'eussions désiré. Mais déjà son amélioration était immense et sa guérison désormais assurée. Son état général était excellent ; il n'avait plus aucune coloration anormale, ni à la face, ni sur le corps, et plus aucune trace d'enflure. Les jambes, surtout, avaient énormément diminué; leurs tubercules mamelonnés, et toutes les ulcérations qu'ils entretenaient, avaient complétement disparu. Son appétit était bon, ses digestions parfaites et son sommeil on ne peut plus réparateur. Nous n'avons plus eu qu'à lui faire emporter, avec quelques bouteilles de nos eaux et de nos pommades boueuses, si éminemment dépuratives, les prises de Sepia et sulfur, dynamisées et électrisées, par lesquelles il terminera, avec l'eau d'or, le traitement qui doit, à coup sûr, achever sa guérison. Nous ne sommes, au reste, plus seul à affirmer cette cure si admirablement belle, puisque, trois semaines plus tard, M. le Directeur des Forges et Hauts-fourneaux de Bességes voulait bien prendre la peine de nous envoyer, à Vals et à Neyrac, l'un des médecins les plus distingués de son usine, pour nous la confirmer encore et nous remercier de nos soins.

Tels sont les travaux de cette première année d'application de l'électricité statique expansive, si bien comprise par nos pères, à l'emploi, scientifique et raisonné, des dynamisations hydrominérales et thermo-électriques si riches, si puissantes, si variées, qu'il a plu à la Providence, de faire émerger des entrailles mêmes de la région, étonnante et trop peu connue, de nos volcans Vivarois.

Telles sont les merveilleuses ressources que la médecine moderne, enfin si éminemment progressiste, peut déjà retirer des soixante-cinq urnes bouillonnantes qui composent, à cette heure de persévérantes recherches, notre grande et incomparable officine naturelle, aux basaltes péridotiques, aux larges et tranquilles coulées de laves bleues, postérieures au déluge mosaïque, et de toutes parts entourées des antiques et immenses assises tourmentées, déchirées et quelquefois même déjà désagrégées, de nos vieux basaltes pyroxéniques des monts Coirons et des hauts plateaux du Gerbier de joncs et du Mézenc.

Telles sont les exaltations de propriétés médicamenteuses opérées par le fluide électrique animalisé, vivifié et modifié selon le corps qu'il traverse et dont il emporte des atômes éminemment guérisseurs. Espérons que les précieuses découvertes de notre excellent Maitre, et nos persévérants efforts, mériteront l'approbation et le patronage de tous les princes de la science médicale moderne et de tous les véritables amis du perfectionnement et du progrès dans l'art de guérir !

Fasse encore le Ciel que s'accomplisse, enfin, le vœu du célèbre professeur Récamier, s'écriant, à la suite de la description des cataplasmes électriques, dans le bulletin scientifique de la *Presse*, du 26 août 1851 : « En médecine comme » partout ailleurs, la chimie a trop étendu son » domaine. Il est temps que la physique » reprenne le terrain qu'elle a fatalement » perdu, ou s'empare de celui qu'elle n'a pas » encore conquis ! »

Au moment où s'achève l'impression de ce premier compte-rendu que nous présentons, quoique bien incomplet, à nos éminents confrères véritablement amis du progrès en médecine, et désireux de mettre à profit ce nouvel agent de transport des atômes médicamenteux *loco dolenti*, agent si souvent héroïque par lui-même, nous nous hâtons d'ajouter, à la dernière heure, à la nomenclature des guérisons que nous lui devons, les affections ci-dessous dont nous apprenons à l'instant la guérison.

Quatrième classe : Maladies des organes générateurs.—AMÉNORRHÉE.

Mlle C..... R..... d'Alais., fileuse, âgée de 17 ans, bilioso-nerveuse, de bonne constitution, n'a eu d'autre maladie antérieure que quelques dartres farineuses à la face, mais elle a une tante, vieille fille de 40 ans qui, depuis l'âge de 11 ans, éprouve, sans jamais de relâche, des souffrances utérines atroces et une aménorrhée qui a toujours été invincible, malgré les médications les plus actives. Comme elle, et tout autant qu'elle, sa nièce souffre, depuis l'âge de 10 ans, de toute la région ovarique gauche, avec des frissons généraux, des maux de tête et de reins, des crampes, souvent des tranchées utérines et des mouvements convulsifs dans tous les membres. Quinze bains fluidiques avec platine, valeriane, argent et assa fœtida, tour à tour en frictions, courants et étincelles, conjointement avec Artemise et l'eau d'or, ont parfaitement amené la menstruation, détruit les souffrances concommittentes et rétabli la santé.

Cinquième classe : Maladies virulentes des organes génito-urinaires. — SYPHILIS.

1° M. A.... G... négociant d'A.., 26 ans, bilio-sang..., de const. forte, a subi, dès son enfance de rudes atteintes de Syphilis héréditaire, avec psore et sycose, traduites par d'énormes croûtes laiteuses, des gourmes épaisses et fluentes jusqu'à 8 ans, des ophthalmies et des adénites cervicales postérieures interminables, des dartres farineuses erratiques, des pellicules du cuir chevelu sans cesse renaissantes, et une sueur des pieds aussi copieuse, qu'infecte et continue. Engagé volontaire dans les francs-tireurs de 1870, il a supporté, sans jamais se plaindre, toutes les fatigues de la triste campagne de France promptement aggravée par une Syphilis nouvelle qu'il a dû soigner seul, sa compagnie n'ayant pas de chirurgien. Sans bas, souvent sans souliers, ou tout au moins sans semelles au milieu des boues et des neiges de ce rude hiver, la sueur des pieds fut bien vite et pour toujours supprimée. Une Migraine atroce la remplaça, avec un éternel coryza et des paupières presque toujours rouges, cireuses et gonflées. Un soir de bivouac, il fut pris d'héméralopie et n'y vit plus du tout dès que le soleil disparaissait. Il dut changer de corps et entra dans un régiment de ligne; il y fut mieux soigné, mais sa migraine devint quotidienne et permanente, le cuir chevelu se déssécha de plus en plus, toute sécrétion d'huile animale se supprima et ses cheveux, devenus rudes, secs et friables, commencèrent à tomber à pleine main. Fait prisonnier et conduit en Prusse, il y fut traîné de prison en prison, y manqua d'habits et de pain, et, à la paix, en revint avec une hémiplégie commençante. Depuis lors, toute la moitié gauche de son corps est faible et et engourdie, l'hérotrixie dénude son crâne de plus en plus, sa figure et ses membres se sont parsemés de petites excroissances sycosiques dures et charnues, ses urines sont continuellement rouges et graveleuses, un eczema cruel a envahi l'intérieur des cuisses et les parties, et un froid aux pieds insupportable le talonne sans trève ni merci, au milieu des ennuis et de toutes les tristes et décevantes hallucinations d'un traitement anti-syphilitique aussi interminable qu'insuffisant et incomplet. 46 bains et deux mois de temps ont été nécessaires pour le guérir, par les courants et les étincelles inpondérables d'or et de mercure alternés avec le thuya, l'eau d'or et les sources des Plantes et St-Lazare. Aujourd'hui, non seulement toute éruption, toute insomnie, toute hérotrixie et toutes douleurs ont disparu, mais encore il a recouvré la force et la vigueur de ses membres et toute la plénitude d'une intelligence très remarquable.

2° M. C., marchand de vins, de la Lozère, 37 ans, lymph. nerv., de const. forte, a eu, dans son enfance, la teigne et des dartres farineuses; et puis, à 30 ans, la Syphilis qui, faute d'un traitement suffisant, est devenue constitutionnelle, avec dartre rouge, squammeuse, pruriante et chancreuse qui envahit successivement le cuir chevelu, le front, les sourcils, la barbe, le menton, puis, le devant de la poitrine, les bras, les coudes, les genoux et les pieds. En même temps l'arrière gorge et la langue s'ulcéraient de plus en plus profondément, des aphtes remplissaient la muqueuse buccale et les gencives, tandis que les maux de tête, la fièvre nerveuse et les douleurs ostéocopes lui enlevaient peu à peu tout repos et tout sommeil. 40 bains fluidiques avec or, baryte et mercure en frictions, étincelles et courants alternés avec les eaux d'or, de Neyrac et des Plantes, thuya et sulfur, puis Eucalyptus et M. Corrosivus électrisés, ont desséché toutes ses plaies, éliminé toutes ses croûtes, enlevé toutes ses douleurs, raffermi toutes ses dents, et ramené ses bonnes couleurs, sa gaieté et ses bonnes nuits d'autrefois.

Sixième classe : Maladies des voies respiratoires. — Croup.

Nous en étions à la rédaction de cette dernière phrase, lorsque, hier 5 mars, à 3 heures du soir, une jeune mère de famille, Mme Favède, du faubourg de Rochebelle, nous apporte, toute éperdue, son jeune enfant, le petit Léon, âgé de deux ans, bil.-nerv., et de très bonne constitution, mais actuellement pâle, défait, à figure terreuse, pleine d'angoisse, et les deux petites mains portées à son cou dans lequel il montre à sa mère qu'il souffre beaucoup. Au moment où elle franchit le seuil de notre cabinet, l'enfant se soulève avec énergie dans les bras de sa mère et porte sa tête un peu en arrière en même temps qu'une toux férine, forte, rauque, profonde, s'échappe de son gosier semblable à la voix d'un jeune coq à moitié étranglé. Alors son visage était violet, tuméfié, ses mains crispées et ses yeux convulsés.

C'était le **Croup**, l'affreux croup, qui avait surpris le pauvre enfant à l'Asile, au milieu de ses jeux et avait tellement effrayé sa maîtresse, déjà trop bien instruite par des malheurs précédents, qu'immédiatement elle avait envoyé chercher sa mère pour le faire soigner au plus vite. Celle-ci n'avait fait qu'un saut de l'école chez nous... L'accès ne dura que deux minutes et l'enfant retomba haletant, brisé et sans voix, sur les genoux de la malheureuse mère qui nous demandait un remède à grands cris.

Depuis 1870, nous publions, chaque hiver dans les journaux de notre région, la nécessité de parer au plus vite aux dangers du vrai croup, toujours mortel, en lui substituant, avant tout traitement désastreux, une bénigne **rougeole**. Le cas était on ne peut mieux choisi, le mal étant à son début.

Malgré la marche foudroyante de l'épidémie actuelle nous devions en avoir lestement raison, en faisant éparpiller sur toute la surface de la peau le sang accumulé dans la muqueuse trachéale, mais non encore plastiquement exsudé. En effet, nous faisons partir de grands courants d'argent du menton aux membres inférieurs de l'enfant qui est aussitôt soulagé par le passage de ce vent frais; il ouvre la bouche comme pour mieux absorber cet air bienfaisant que nous pouvons, dès lors, faire arriver directement jusques sur le larynx lui-même. Cet organe reçoit ainsi, en plein, le courant et les parcelles métalliques qu'il entraîne. Nous ajoutons à son effet calmant par les frictions légères au pinceau d'antimoine, tout en aidant à l'action électrique par de petites gorgées de la source des Plantes aconitée. En vingt minutes l'éruption rubéolique a été obtenue, très légère et sans aucunes souffrances, sur la moitié inférieure de la figure, toute la surface antérieure du cou et tout le haut de la poitrine; l'accès de suffocation a si bien disparu que l'enfant s'est endormi au milieu du bain fluidique. Demi-heure plus tard, une nouvelle quinte de toux revenant avec violence, la mère remonte encore avec son enfant sur l'isoloir et après dix minutes des mêmes courants d'antimoine et d'argent, toujours aidés par l'eau minérale aconitée, et puis remplacés par ceux de fer aux membres inférieurs et quelques légères étincelles dans le creux des mains et sous la plante des pieds, pour amener la sueur, nous obtenons un nouveau sommeil et une éruption qui, de cette fois, s'étend jusqu'au ventre et s'accompagne d'une sueur abondante. Un troisième bain est enfin, donné une heure après, toujours avec le même succès, et le même calme pour le petit malade qui s'endort encore sur l'isoloir. Dès ce moment il est couvert de la tête aux pieds. d'une belle et bonne éruption de rougeole, la toux est redevenue grasse et tout danger a disparu.

Nous renvoyons alors l'enfant à son berceau que nous recommandons de tenir bien chaud, surtout vers les pieds, et nous ne prescrivons que la même eau minérale électrisée et une légère infusion de fleurs de *pied de Chat*. Cela suffit amplement. La nuit a été parfaite. Ce matin la rougeole suit rapidement sa période décroissante, *comme toutes nos maladies provoquées*, et la bonne mère ne peut tarir les chaudes expressions de sa vive et profonde reconnaissance.

ERRATA.

Page	ligne	au lieu de :
7,	6,	et appareils, lisez, et les appareils.
7,	34,	toute nos., lisez, toutes nos.
10,	6,	autres , et donnant lieu , lisez, autres, donnant ainsi lieu.
14,	2,	sur les corps, lisez, à l'égard des corps.
19,	7,	des succès semblables, lisez de pareils succès.
24,	18,	*Naturam*, lisez *naturam*.
26,	57,	du sublime, lisez, du sublimé.
29,	6,	Ed 1727, lisez, En 1727.
33,	1,	Il résume, lisez, Bertholon résume.
33,	15,	invétérée. L'Académie , lisez, invétérée; l'Académie.
37,	33,	de cette fois, lisez, cette fois.
39,	4,	avaient été, même, tout d'abord, lisez, avaient été, tout d'abord.
41,	33,	conduits , de les détruire, lisez, conduits, que de les détruire.
42,	11,	qu'aucunes catastrophes illustres nouvelles ne viennent plus en faire regretter; lisez, qu'aucunes illustres catastrophes ne viennent de nouveau en faire regretter.
59,	29,	lympathique, lisez, lymphatique.
62,	18,	rhumathismales, lisez, rhumatismales.
64,	21,	amblyopic, lisez, amblyopie.
64,	22,	psendo, lisez, pseudo.
81,	12,	couche, lisez, couches.

NOTA. — La rapidité avec laquelle cette brochure a été imprimée fait laisser quelque chose à désirer sous le point de vue des corrections, notamment des fautes de ponctuation. L'intelligence du lecteur suppléera à ces imperfections.

Alais. — Imp. Gabriel Tri[illegible], [illegible] Meulière, [illegible]

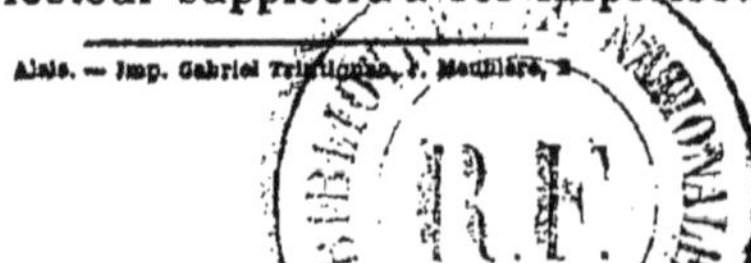

STATION

Electro-Minérale statique Méridionale

DE

VALS, NEYRAC & ALAIS.

Le *Cabinet d'hiver* de M. le docteur L'H. DES PLANTES, ex-chirurgien militaire, co-propriétaire de plusieurs sources minérales de Vals, successeur et continuateur de l'œuvre du Docteur TOURRETTE et premier propagateur, dans le Midi de la France, de l'*Electricité statique médicale* par la nouvelle méthode de *transport direct et de contact* du professeur C. BECKENSTEINER, est transféré, à ALAIS, au n° 28 du Quai-Neuf, maison neuve Messac.

De concert avec les propriétaires du **Grand Etablissement hydrothérapique de Vals**, du **Grand Etablissement thermal de Neyrac** et de l'**Etablissement hydrothérapique d'Alais,** *rue Dieudonné*, si bien aménagé par M. Louis Itord, son propriétaire, le docteur DES PLANTES a créé, dès la saison dernière, la **Station Electro-minérale méridionale** de **Vals-Neyrac**, pour l'été, et **Alais**, pour l'hiver et l'achèvement, dans une région bien abritée, modérément chaude et très-salubre, des cures de l'été.

Dans cette station, les thermes sont admirablement choisis pour la continuation, pendant toute l'année, des heureux résultats de l'emploi, scientifique et raisonné, de l'Electricité expansive de l'atmosphère, administrée en *bains fluidiques*, pour la guérison radicale de toutes les maladies dans la production et l'entretien desquelles le fluide électrique vital joue un rôle quelconque.

M. le docteur DES PLANTES, s'inspirant de ses trente années d'études sur les eaux minérales de son pays et de la méthode, toute nouvelle et déjà si féconde en guérisons, de son vénérable maître, le professeur BECKENSTEINER, méthode qui est appelée à opérer, à bref délai, une véritable révolution dans l'art de guérir, et à laquelle il a été initié par son inventeur lui-même, il offre à ses honorables confrères le moyen de l'appliquer à leurs clients ordinaires, ainsi qu'à tous ceux qui souffrent de maladies jusques ici réputées incurables. Ses bains, à la fois *électro-statiques et minéraux*, s'adressent tout aussi bien à la période prodromique, ou d'incubation, des maladies aiguës, qu'à toutes les maladies chroniques, sans en excepter aucunes *Névralgies* ou *Névroses*, même et surtout les *Migranes, les Insomnies les plus invétérées, l'Hypnotisme, l'Epilepsie, l'Hystérie, la Danse de Saint-Guy*, toutes les *Paralysies, l'Amaurose, la Myélite incomplète, la Goutte, les Rhumatismes, les Engorgements organiques, le Goitre, l'Anémie, la Phthisie*, jusqu'au 3e degré, *les Scrofules, l'Asthme, la Coqueluche, le Diabète, l'Albuminurie, la Gravelle, toutes les Dartres et les Affections de la Peau, celles de l'Utérus et de la Vessie, l'Impuissance et la Stérilité.*

Dans chaque Etablissement de la station où des hôtels ne font pas partie intégrante de l'Etablissement, des traités spéciaux assurent aux malades des prix de faveur, tant pour les diverses Eaux minérales à employer, *toujours sur l'ordonnance et au gré du médecin traitant*, que pour les grands et petits hôtels consacrés à leur service, et pour les promenades en voitures de ville ou d'excursions qui, à toute heure, seront à la disposition spéciale des malades et de leurs familles.

Dans l'Etablissement d'hiver, à **ALAIS**, le *grand Hôtel du Luxembourg*, de la Place-Royale, consacre spécialement à leur service un corps de logis complet dans lequel ils trouvent, au prix total de 5 et 7 fr. par jour, une table d'hôte particulière et des appartements confortables et entièrement neufs.

Aux abords de la route d'Anduze, sur le Quai-Neuf, 28, est l'**Entrepôt général**, pour tout le Midi, de la *gamme complète des Eaux minérales de Vals*, les DÉLICIEUSES, *du Pradel et du Volcan, des Sources Tourrette et des Plantes, de la Grande* SOURCE JAUNE *des bains de Neyrac*, de son incomparable Source des Croisés, la *Saint Lazare*, et de celle, *l'Unique au Monde, la Mofeta*, exclusivement destinée aux appareil à inhalations du gaz acide carbonique pur.

www.ingramcontent.com/pod-product-compliance
Ingram Content Group UK Ltd.
Pitfield, Milton Keynes, MK11 3LW, UK
UKHW020241220726
13923UKWH00002B/778